宠物美容与护理

唐晓霞 主编

沈丽婵 杨伟涛 副主编

科学出版社

北京

内 容 简 介

本书是为培养助理宠物美容师和助理宠物护理工而编写的，主要包括两部分：一是宠物美容的基础知识；二是宠物护理的基础知识。

在宠物美容项目中，以约克夏犬美容、博美犬美容、雪纳瑞犬美容、贵宾犬美容为代表，让学习者由易到难，循序渐进地掌握各种美容工具的使用及不同犬种的美容技巧。在宠物护理项目中，主要介绍幼龄宠物、妊娠宠物、产后宠物及老龄宠物等不同生理时期宠物的日常护理。

本书适合中等职业技术学校宠物专业的学生和从事宠物美容与护理的初学者使用，也可供宠物饲养者和爱好者参考使用。

图书在版编目（CIP）数据

宠物美容与护理 / 唐晓霞主编. —北京：科学出版社，2015
ISBN 978-7-03-044203-1

Ⅰ. ①宠… Ⅱ. ①唐… Ⅲ. ①宠物—美容—中等专业学校—教材 ②宠物—饲养管理—中等专业学校—教材 Ⅳ. ① S865.3

中国版本图书馆 CIP 数据核字（2015）第090500号

责任编辑：张 斌 王丽丽 / 责任校对：马英菊
责任印制：吕春珉 / 封面设计：一克米工作室

科学出版社 出版
北京东黄城根北街16号
邮政编码：100717
http：//www.sciencep.com

北京虎彩文化传播有限公司 印刷
科学出版社发行 各地新华书店经销

*

2015年7月第 一 版 开本：787×1092 1/16
2020年8月第五次印刷 印张：7
字数：139 000

定价：50.00元

（如有印装质量问题，我社负责调换〈虎彩〉）
销售部电话 010-62134988 编辑部电话 010-62135319-2012

教材编写指导委员会

顾　问	林为群	原天津交通职业学院	教授
	孙　爽	天津职业技术师范大学	教授
	陈泽宇	广州铁路职业技术学院	教授
	吴玄光	华南农业大学	副教授
	阮少宁	广州丰田汽车特约维修有限公司	副总经理
	漆　军	广东机电职业技术学院	教授

主　任　李宗国

副主任　翟恩民　陈林生

委　员　赵晓霞　庄　伟　伊晓浏　谢金富　毕翠丽　朱建玲　余东权
陈伟忠　钟祥爱　陈　龙　曾婉芬　吕强松　庄　伟　杨八妹
潘　毅　揭锡富　吴绍伟　任玉仪　胡军钢　庾蕙敏　杨华春
田运芳　杨建政　罗　英　谢静匀　谭婉虹　刘小琳　唐晓霞
李　莉　林　琳　卫淑华　黄晓彬　吴　浩

本书编审委员会

主　编　唐晓霞

副主编　沈丽婵　杨伟涛

参　编　邝熳红　荣展庆　廖苑娟　黄进超

审　稿　吴玄光　谢金富

摄　影　郭建功

Preface
前　言

宠物行业从诞生到现在，无论是在国内还是在国外，都经历了一个逐渐成长、不断完善的过程。随着我国经济的发展和人民生活水平的提高，饲养宠物已不局限于看家护院，更多是充当观赏与生活伴侣的角色，为人们休闲解闷、增添乐趣。因此，宠物的美容与护理越来越受到人们的重视。

本书能让读者掌握常见宠物的基础护理与美容方法，并能够结合相关的专业知识达到规范操作，具备从事宠物美容与护理的基本职业素质与职业能力。对于宠物犬的习性、美容工具、美容技巧、基础护理、美容等相关理论知识有所认识，掌握常见宠物的美容与护理技术，具备常见宠物的美容与护理的工作能力，具有诚实、守信、善于沟通和合作的品质，注重宠物健康与福利，树立动物保护和人畜安全意识。

如同宠物医疗与护理团队的其他成员一样，助理宠物美容师和助理宠物护理工必须保持终身学习的态度和灵活性，以便能在不同场所运用不断更新的知识，希望本书可以帮助助理宠物美容师和助理宠物护理工打下坚实的基础，以利于他们以后在实际工作中进一步学习提高。

本书易懂、实用，由专业人士实际操作并拍摄了丰富的照片及视频加以说明，可谓一目了然。本书配套的视频资料，可登陆 www.abook.cn 下载。

由于作者水平有限，本书不足之处在所难免，希望广大读者批评指正。

Contents

目 录

项目1 宠物美容

009 任务1 约克夏犬美容

030 任务2 博美犬美容

047 任务3 雪纳瑞犬美容

058 任务4 贵宾犬美容

项目2 宠物护理

073 任务1 幼龄宠物日常护理

080 任务2 妊娠宠物日常护理

088 任务3 产后宠物日常护理

095 任务4 老龄宠物日常护理

102 参考文献

项目1

宠物美容

【项目概述】

所谓宠物美容，不只是替犬猫洗澡，而是凭借顶级的美容美发用品和精湛的修剪技法，为它们遮掩体形缺陷，增添美感。所以，美容师需要拜师学艺，刻苦练习，更要不断学习新知识，以拥有一流的专业技艺和独到的造型设计技能（图 1-1）。

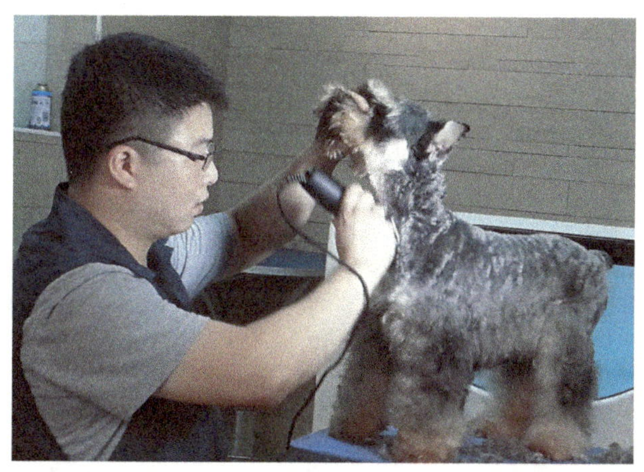

图 1-1

宠物美容是指对动物身体的修饰和护理，一般认为它起源于关系亲密的猴群之间相互“梳理毛发”这一行为。宠物美容师最初的工作就是要高度获得宠物的依赖，因为宠物不仅是宠物美容项目最重要的顾客，也是工作的对象，若没有它们的配合是无法正常进行工作的。本项目的内容就是使每一位宠物美容师都能做到很好地与宠物主人和宠物沟通，学会约克夏犬、博美犬、雪纳瑞犬和贵宾犬这四个犬种的美容方法，并能画出博美犬、雪纳瑞犬和贵宾犬的妆容造型图，根据造型图给这三个犬种修剪造型。

作为一名合格的宠物美容工作者，应该具备良好的职业素质，首先要做好接待工作，主要应做到以下几个方面。

一、接待工作的内容

（一）客户来访接待

负责来访客户的接待工作，包括为客户让座、递上茶水、咨询客户来访意图、对客户来访进行登记。标准语如下：

您好，请问您是来咨询宠物美容护理的吗？请问您找哪位？

（二）客户电话接待

负责服务热线的接听和电话的转接，做好来电咨询工作，重要事项认真记录并传达给相关人员，不遗漏、延误。

（1）听到铃响，至少在第三声铃响前拿起话筒。听话时先问候，并自报公司、部门。标准语如下：

“您好，××× 动物医院！”或“您好，这里是 ××× 动物医院！”

（2）对方讲述时留心听并记下要点，未听清时，及时告诉对方。随后根据对方的初次问话，迅速判断出他有何需求，作出标准回话。

（3）结束时应说“再见！”，礼貌道别，待对方切断电话，再放下听筒。

（三）前台卫生

负责门店前台的卫生清理及桌面摆放，并保持整洁干净。

（四）其他工作

完成医生交办的其他工作，做好其他岗位的协助工作。

二、接待的注意事项

（1）要认真学习相关政策法规，了解门店基本内容，掌握有关的业务基础知识和专业管理知识。

（2）在对外关系中要处处注意维护门店的声誉和形象。

（3）不断提高自己的思维判断、组织协调、语言文字和应变处理等方面的能力。

（4）在工作中要谦虚谨慎、认真细心、勤奋踏实。

（5）要坚持原则、秉公办事、遵守纪律、严守门店机密。

三、接待禁忌

（1）头发脏且蓬乱。

（2）穿拖鞋或穿皮鞋而不穿袜子。

（3）口腔不卫生。

四、语音、语调

（1）文字本身并不能表达友善的感情，因此需要动听的声音来配合。说话要动听、流利，则必须配合适当的语调，从语调表达上可以看出一个人的个性及心理状况。

（2）咬字应该清楚、音量适中。若别人听不懂或听不清所讲的话，那么再动听的声音也是没有意义的。

（3）语调应该是柔和、动听的，在语调中应表达出亲切、热情、真挚、友善、柔顺以及个性和谅解的思想感情。当然，宠物美容师的谈话道德应该是言行一致的。

五、谈话的主题与原则

（一）正确选择谈话主题

宠物美容师应该尽量去了解宠物主人的心理，从而选择较佳的谈话主题。例如，宠物美容用品、流行的宠物造型、宠物主人的个人爱好、活动与假期期间如何安排宠物的生活或假日是否带宠物户外活动等内容的谈话主题，这些都需要宠物美容师具有丰富的知识内涵。

（二）谈话原则

为使谈话进行得愉快，在谈话时，应遵循以下基本原则：

（1）主动打开话题。

（2）少说多听，不争论。

（3）始终保持愉快的心情。

（4）谈话内容不单调。

（5）不谈自己的私事。

（6）宁可谈理想，不要谈论人。

（7）不要背后议论别人是非或同事手艺的好坏。

（8）不谈、不问别人的隐私。

（9）不要表现出处处比别人强而威胁到他人。

（10）应用简单易懂的语言，不讲粗话。

六、应具备的良好品德

（1）遵守法律法规和美容院的规章制度。

（2）对职业要有信心，要尽最大的努力认真工作。

（3）乐于学习，健全心智，提升气质。

（4）言而有信，负责尽职，具备良好德行及优良职业行为。

（5）温文有礼。

① 对他人的帮助要表示谢意。

② 对他人的缺点要容忍，要有同情心。

③ 尊重他人的感受及权利，能良好地配合同事、雇主以及上级领导的工作。

（6）对所有的顾客都要友善、礼貌、热情、诚恳、公平，不可厚此薄彼。

（7）学习巧妙、高雅的职业谈吐，培养动听的声音。当他人说话时，要留意倾听。

（8）注意仪表，随时保持良好的卫生标准，使顾客对你产生信心。

七、服饰要求

给宠物美容时，美容师应该穿着对自己或宠物都适宜的服饰，举止得体，并保证无论发生任何情况，所采取的措施必须保障宠物的安全。

（一）发型

在给宠物美容时，美容师的头发可能会遮挡自己的视线而影响工作。最好是齐耳的短发，这种发型不容易沾上宠物的毛发，易于自如活动。如果是长发，必须要盘起来。

（二）化妆

应以淡妆、自然大方的造型为佳，浓重的妆容不适宜做宠物的美容工作。

（三）指甲

指甲应适当修整剪短，并要擦去所有有色彩的装饰。

（四）饰件、手表

应取下耳环、项链、手镯、胸针、头饰等装饰品和腕表，主要是因为它们可能会缠绕宠物毛发，引发事故。这类事故通常是在意料不到的情况下发生的。

（五）服装

服装一般为白色的连体工作服，形式上为至肘的半截短袖为佳，在设计上必须容易清洗和消毒。另外，必须用不易沾水的围裙。

（六）鞋子

鞋子应选穿平跟鞋，这样的鞋子除了适宜长时间站立工作外，也利于快步走动，处理已经美容护理完毕的宠物。

（七）香水

香水等特别强烈的气味有时会成为与宠物进行交流与沟通的障碍。

（八）眼镜

平光眼镜比防护镜更加适用，应根据实际需要选用。

（九）其他携带品

身边应常备用于记录必要事项的记录本，以便为下次宠物美容和护理提供参考。

八、站立姿势

1. 双脚分开

双脚分得过开或并得过紧都会妨碍人的活动。双脚分立有利于身体保持稳定。双脚间隔应以脚跟部分开约 20cm 为宜，双脚夹角约 90°，呈“八”字形分立。

2. 留有余地地站立

在为宠物清洁、使用洗发剂和进行饰毛修整时，美容师会聚精会神、长时间地保持同一姿势，压力会全部集中在肩部和腰背，这种姿势势必会引起肌肉疲劳，所以肩膀、腰、膝盖、脚尖等关节应经常保持一定的活动余地。只要注意不使各个关节过于僵硬，肌肉就不会过分紧张。

3. 身体的重心

人的身体通过鼻梁垂直地面作一条“中线”，身体重心也就分布在这条垂直的“中线”上。美容师应该注意将身体的重心保持于这条“中线”的中央，而不是让身体的重量偏置于某一条腿上。

当美容师的心里产生“太疲劳啦，真不想再干下去了”这样的念头时，自己身体的重心很自然地就会偏移至某一条腿上。这样，上肢的疲劳就会立刻传递到下肢。从而导致上下肢体活动的不一致、不协调，并最终表现出不合理和不自然的姿态。

任务1 约克夏犬美容

【任务目标】

（1）通过与宠物主人和宠物的接触，学会与宠物主人和宠物沟通的方式、方法。

（2）通过给约克夏犬进行清洗，学会约克夏犬的清洁美容方法。

（3）通过给约克夏犬进行清洁美容，学会一般美容工具的使用方法。

（4）通过给约克夏犬进行被毛护理，学会丝毛犬的被毛护理方法。

【任务分析】

以3～5位同学为一组，每组同学参考任务书合理分工，共同完成本任务，从而加强团队合作精神的培养。本次任务的对象是约克夏犬，这种犬种是丝毛型犬，重点在于被毛的护理。如何能使约克夏犬的毛保持像丝样顺滑，就是本任务的目的。要达到这样的目的，就要求我们首先要对约克夏犬的被毛结构特点比较熟悉，根据约克夏犬的被毛特点选择合适的沐浴液和护毛素，洗澡时水温的控制也很重要。

任 务 书

<table>
<tr><td>学习领域</td><td colspan="3">宠物美容与护理</td><td>总 学 时</td><td colspan="3">120</td></tr>
<tr><td>学习任务</td><td colspan="2">宠物美容</td><td>分解任务</td><td colspan="2">约克夏犬美容</td><td>学　时</td><td>36</td></tr>
<tr><td>专业班级</td><td colspan="2"></td><td>小组名称</td><td colspan="4"></td></tr>
<tr><td>任务目标</td><td colspan="7">通过老师的讲授和视频的展示让学生了解约克夏犬的美容步骤，再通过老师的操作展示和任务实施，让同学们学会约克夏犬的美容方法。</td></tr>
<tr><td>学生需填写任务单</td><td colspan="7">1. 宠物美容信息收集表
2. 美容工具准备表
3. 工作任务评价单
4. 教学任务学习反馈单</td></tr>
<tr><td>任务介绍</td><td colspan="7">约克夏犬属于丝毛犬，在美容的过程中最注重的是被毛的护理美容，在美容前要根据自己小组的《宠物美容信息收集表》来选择适合的美容工具、材料，每一种工具、材料的大小型号和质地都要仔细地选择，填写好《美容工具准备表》，这样在美容护理的过程中才能得心应手。
以一位学生扮演宠物主人，带一只约克夏犬来做美容护理，根据宠物主人的要求完成整个美容护理过程。要完成这个过程需设定前台接待员1位、助理美容师2位、美容师1位，请每组成员按此岗位比例进行分工。</td></tr>
</table>

续表

姓　名	性　别	学　号	分配任务

【相关知识】

犬猫美容后，不但看起来干净、整洁、美观，而且犬猫自身也会有一种清爽舒服的感觉。目前谈到的宠物美容，绝大多数指的是对宠物的清洁、造型修剪等。

随着社会的不断发展进步和物质生活的丰富，饲养宠物的人士不断增多，也就促使宠物行业对专业人员的需求增加，这其中包括兽医师、兽医助理、宠物美容师、繁育者、驯犬师、带犬比赛的牵犬手以及具备专业资质的协会，这一切都说明了宠物行业发展的蒸蒸日上，其中的宠物美容行业的发展尤为迅速。

约克夏犬是一种玩具㹴犬，长着蓝色或棕色被毛，一部分脸上的被毛和全身的被毛都垂直、柔顺地挂在身体两侧（图 1-2）。身材小巧、紧凑而且比例匀称，体重一般不超过 3.5kg。这种犬耳朵小，呈 V 字形，直立耳，耳根位置不能太远。颈部、背线、身躯比例紧凑。背较短，背线水平，肩膀的高度与其他部位相同。前腿直，肘部既不内翻也不能外翻，从后面看，后腿直，而从侧面看，后膝关节呈适当的角度。足爪圆，前腿如果有狼爪，可以切除，后腿如果有狼爪，则必须切除。被毛的质地、品质和毛量是十分重要的，被毛要有光泽、精致，像丝一般。身体上的被毛长且直（不能有任何波浪状）。如果希望犬能行动自如且外观整洁，可以将被毛长度修剪到刚好垂到地面。头顶的毛发梳到中间结起来，或从中间分开，向两边梳，并结成两个髻。口吻上的毛发留得较

图 1-2

长。耳朵和足爪上的毛发可以适当剪短，使犬外观整洁、行动方便。幼犬在出生时毛发的颜色是黑色和棕色，颜色很深，一般是棕色中掺杂着黑色毛发，直到成年。

【任务实施】

一、流程

二、准备

（一）材料准备

钢丝刷、推剪、沐浴液、护毛素、皮毛按摩膏、SPA 纳米磁化机、橄榄油、眼镜布、干棉花、护毛霜、松毛霜、pH 平衡液、各种洗浴液、皮毛松缓片、止血钳、趾甲钳、趾甲锉、吹水机、吹风机、洗耳粉、洗眼液。

（二）其他准备

多媒体设备、无线网络、计算机、相关书籍。

三、实施

（一）布置任务

现在有一位宠物主人带着一只 1 岁的母约克夏犬来到宠物医院，这只犬的主人准备带它去参加舞会，希望先把它打扮漂亮。

（二）制订计划

约克夏犬属于丝毛犬，此犬种的毛较细长、顺滑，如果营养足够一般不容易掉毛。护理被毛是本次任务的主要内容。前期工作先要进行基础清洁，包括眼、耳、爪的清洁护理，再进行全身的清洁护理。

想一想 练一练

宠物的皮肤结构和人的皮肤结构一样吗？人用的香波用来给宠物洗澡可以吗？

（三）信息收集

当宠物主人来到宠物医院时，首先由前台负责接待工作，咨询、记录好宠物主人和宠物的基本信息及宠物主人的要求。

宠物美容信息收集表

<table>
<tr><td>主人姓名</td><td colspan="2"></td><td colspan="2">联系电话</td><td colspan="2"></td><td>日　期</td><td></td></tr>
<tr><td>宠物品种</td><td></td><td>宠物昵称</td><td></td><td>宠物年龄</td><td colspan="2"></td><td>宠物性别</td><td></td></tr>
<tr><td rowspan="4">洗　澡</td><td colspan="8">Ⅰ级（一般冲洗、修甲）</td></tr>
<tr><td colspan="8">Ⅱ级（Ⅰ级＋眼、耳、肛门腺清洁）</td></tr>
<tr><td colspan="8">Ⅲ级（Ⅱ级＋脚底毛修理、牙齿清洁、毛发深度护理）</td></tr>
<tr><td>备注</td><td colspan="7"></td></tr>
<tr><td rowspan="2">沐浴液选择</td><td>澳路雪</td><td>波波</td><td>丽丝</td><td>家朵</td><td>宠怡</td><td>顶尖</td><td>中彩</td><td>其他</td></tr>
<tr><td></td><td></td><td></td><td></td><td></td><td></td><td></td><td></td></tr>
<tr><td rowspan="4">造型修剪</td><td colspan="8">Ⅰ级（修短、剪整齐）</td></tr>
<tr><td colspan="8">Ⅱ级（赛级妆）</td></tr>
<tr><td colspan="8">Ⅲ级（特殊造型、染色等）</td></tr>
<tr><td>备注</td><td colspan="7"></td></tr>
<tr><td colspan="2">宠物主人签名</td><td colspan="2"></td><td colspan="2">前台签名</td><td colspan="3"></td></tr>
</table>

想一想 练一练

宠物一般应多久洗澡一次？为什么？

（四）材料准备

前台工作人员将信息收集记录后，两名助理宠物美容师就要接上工作任务，其中1名助理宠物美容师根据《宠物美容信息收集表》将所需要的材料、工具总结归类，填写《美容工具准备表》准备工具和材料，另外1名助理宠物美容师负责保定好宠物。

美容工具准备表

工具名称	型号 / 品牌	数　量	工具名称	型号 / 品牌	数　量
圆柄梳	大		解结刀		
	中		解结膏		
	小		美容粉		
针梳			刀头清洁剂		
鬃毛刷	大		刀头冷凝剂		
	中		剪、刀头润滑剂		
齿梳	最阔（牧羊）				
	阔窄（粗细）		洗浴液	澳路雪	
	双层（长短）			波波	
	密齿（面梳）			丽丝	
	极密（蚤梳）			家朵	
	分界梳（挑骨）			宠怡	
剪刀	直剪			顶尖	
	弯剪			中彩	
	牙剪			其他	
拔毛刀	SS细目刀（有刃）		洗眼液		
	S中目刀（有刃）		趾甲锉		
	M粗目刀（无刃）		趾甲刀		
耳毛粉			止血粉		
耳毛钳			美容工具包		
洗耳水			消炎耳油		
宠物主人签名			助理美容师签名		

想一想 练一练

对于陌生的宠物，你如何安抚宠物情绪，使宠物和你一起顺利完成整个基本美容过程？

（五）任务开展

1. 毛发梳理

（1）使犬以正确姿势立于美容台上，从后躯向前躯用针梳以反方向慢慢梳理。

针梳的用途和使用方法（图 1-3）：

① 用途：宠物在春秋两季要换毛，此时会有大量的被毛脱落。大量的毛会附着在室内各种物体和人身上，影响室内卫生，如果被宠物误食还会影响消化。因此，要经常给宠物梳理被毛，这样不仅可除去脱落的被毛污垢和灰尘，防止被毛缠结，而且还可促进血液循环，增强皮肤抵抗力，解除疲劳。

② 使用方法：大拇指按着刷柄头，另外四只手指托着钢丝刷下缘。

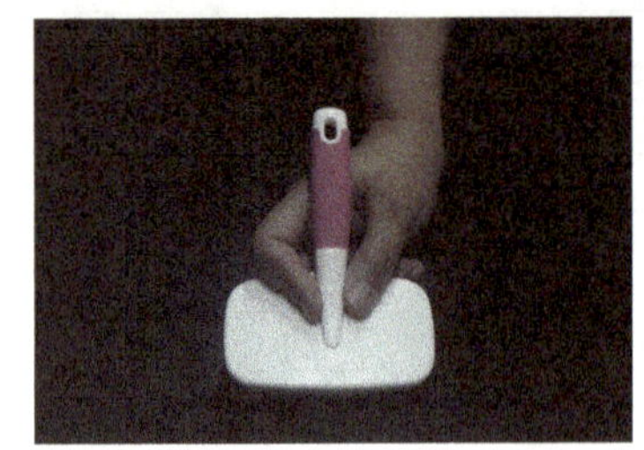
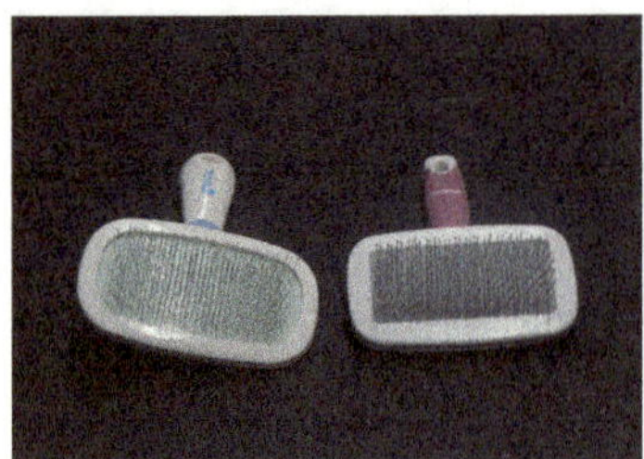

图 1-3

（2）梳毛的顺序：由颈部开始，自前向后，由上而下依次进行，即先从颈部到肩部，然后依次背、胸、腰、腹、后躯，再梳头部，最后是四肢和尾部，梳完一侧再梳另一侧。

（3）洗浴前梳毛的手法。

第一，首先将发卷解开（图 1-4a），令宠物侧卧。

第二，腹部的软毛要用钢丝刷刷毛，使毛朝同一方向梳顺拢平（图 1-4b）。

第三，关节经常活动的腋下，毛球最多，在完全变成毛毡状之前，使用钢丝刷角上呈三角形的部位将其梳顺。注意表筋涨起的地方，不要被钢丝刷的角刮伤。

第四，侧部用针刷少量梳开后，再由左至右（1 ~ 2cm）梳开并向后躯过渡（图 1-4c）。

第五，缓缓过渡到背部，另一侧也用同样方法，其中头顶毛及颈毛非常重要，要仔细梳理（图 1-4d）。

第六，犬腿弯曲时用钢丝刷梳理会伤到皮肤，要将关节伸展开，腿伸直后再梳理。

第七，刷毛后的梳理要先用粗齿梳子，后用细齿梳子将毛团梳开（图 1-4e）。

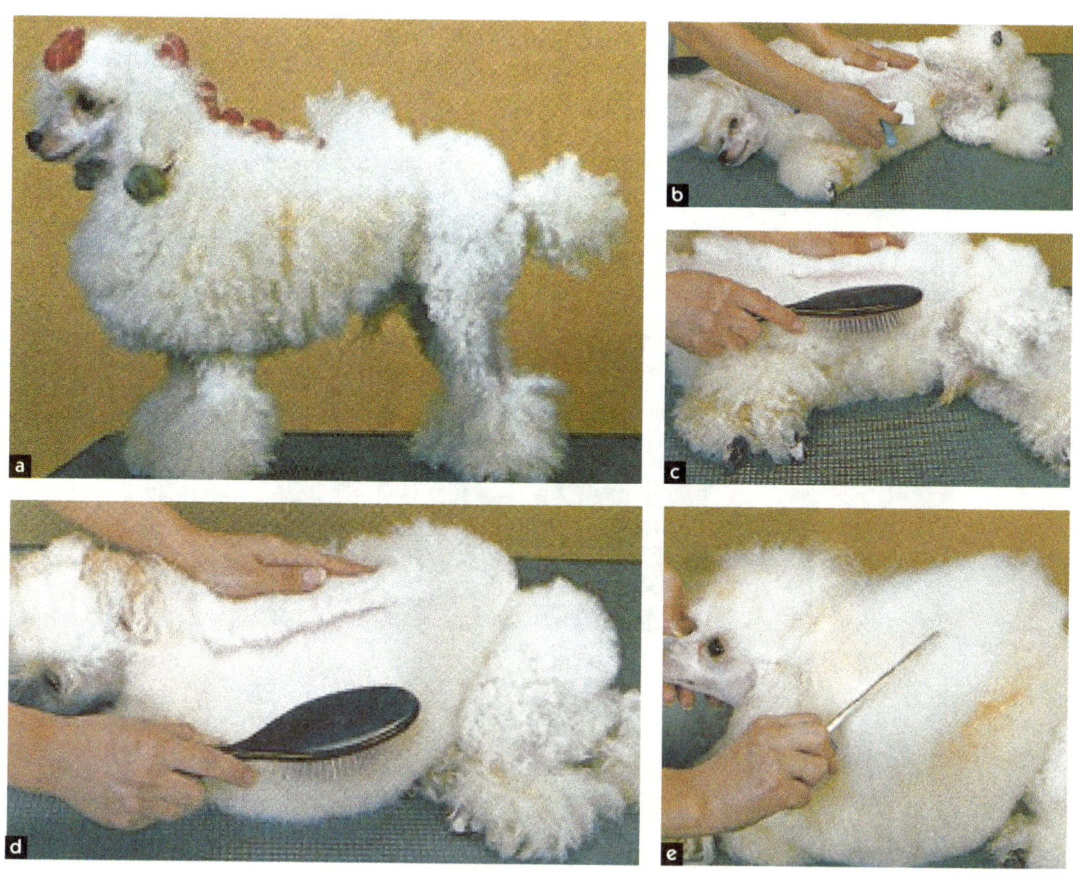

图 1-4

2. 清洁

1）耳部清理

（1）止血钳的用途和使用方法（图 1-5a）。主要用来清除耳中污垢及少量杂毛，以拇指和第四指分别插入钳柄的两环内，但不宜插入过深，食指轻压在钳柄和止血钳交界的关节处，中指放在第四指环的前外方柄上，准确地控制钳的方向。

（2）宠物耳部清洁方法和步骤。

① 先将耳毛粉撒在耳朵里，用止血钳拔掉耳朵里的毛，注意不要夹伤宠物。（图 1-5b）

② 用棉花棒沾少许洗耳液，由外向里一点点擦拭。

③ 一手抓住耳朵慢慢擦拭直到擦试干净。如果外耳道有大量耳垢，可滴入 1 滴 2% 硼砂水，待其软化后用镊子谨慎取出（图 1-5c，d）。

④ 清洁后，如果有发炎、化脓或寄生虱蚤的情况，应使用治疗药物。没有其他状况时撒入一点耳毛粉以保持耳内干燥即可。

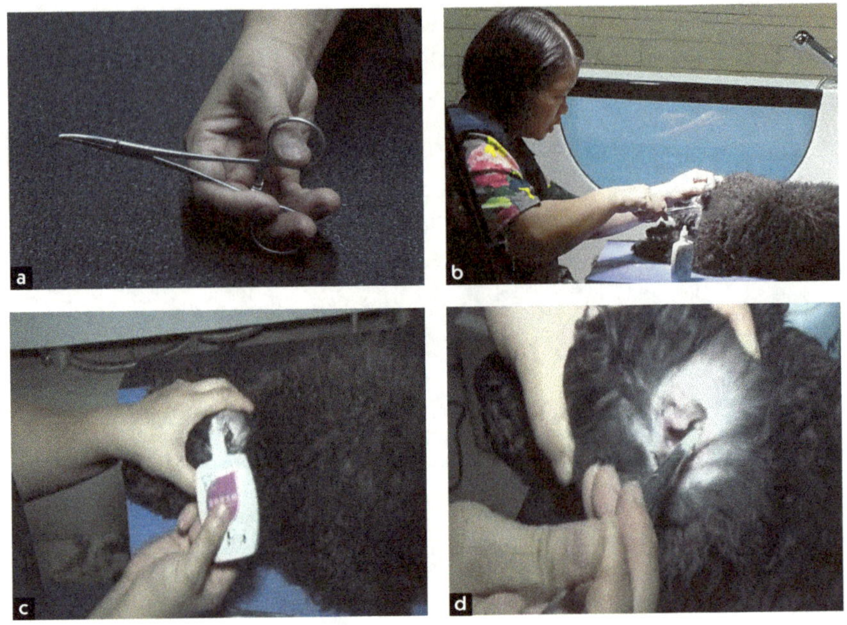

图 1-5

2）眼部清洁

（1）宠物眼部清洁方法和步骤。

① 用棉球沾上洗眼液将眼垢轻轻擦去，对于干眼垢，可用湿棉花团擦净，如用干棉花团会使棉絮粘在眼睛表面。

② 对于过多的分泌物，可用硼酸溶液洗掉（图 1-6）。

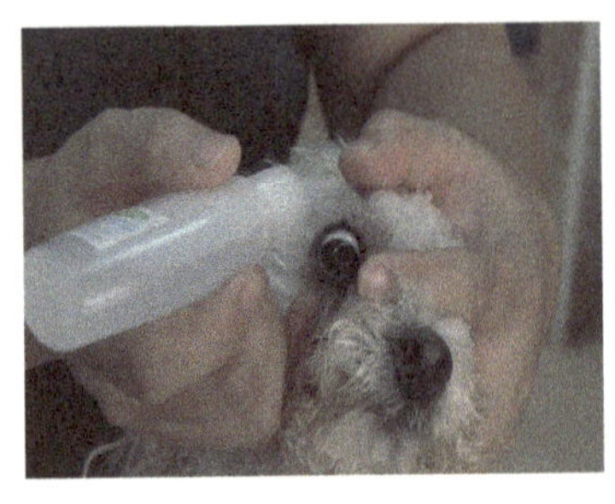

图 1-6

③ 滴洗眼液再清洗一遍。

（2）宠物眼部清洁的注意事项。

① 大眼和凸眼的犬容易受刺激、受伤，需特别注意。一般每天洗一次眼，以清除眼内的灰尘及眼屎。

② 在犬的眼角附近，经常会积聚少量干眼垢；还有的犬，如贵妇犬，眼腺分泌过多，经常流泪，更要经常清理眼部。

③ 冲洗时要小心，若滴在犬的白毛上，会有污渍留下，需掌握一些操作小技巧。

3）趾甲修剪

（1）趾甲钳的用途和使用方法。宠物走路时，过长趾甲的自然弯曲会影响脚掌着地，时间长了不仅趾甲容易断，而且不利于宠物的脚趾健康，使用专用的趾甲刀和趾甲锉给宠物修剪趾甲就能很好地解决这个问题（图 1-7）。

① 剪趾甲之前要注意先观察趾甲里的血线，就是趾甲的角质里透出的暗红部分，剪的位置一定要在血线的下面，不要剪到血线。

② 用手抓住犬爪的趾甲根部，如果是长毛犬，要把趾前的长毛捋上去，让趾甲完全显露出来。

③ 用宠物专用的趾甲刀，垂直于趾甲修剪，使用三剪法，刀刃要锋利，剪的时候不能拖泥带水。

④ 一次不要剪太多，可分多次修剪，以防剪到血线导致出血，以后宠物就会害怕剪趾甲。

⑤ 在宠物脚腕附近还有个狼爪，这个趾甲也需要修剪，狼爪的修剪原则和方法与其他趾甲类似。

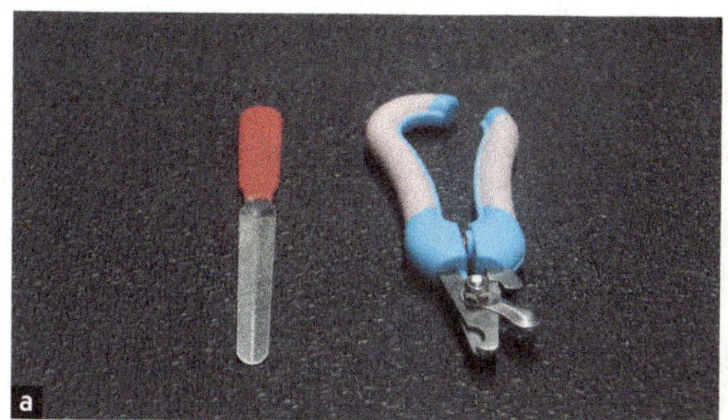

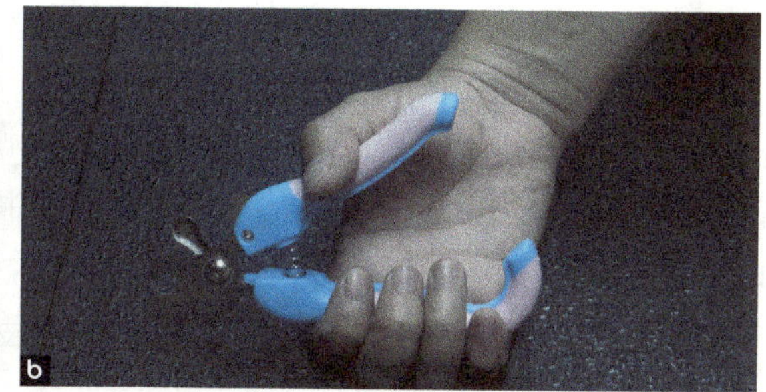

图 1-7

（2）趾甲锉的使用方法。剪完趾甲后，用趾甲锉锉一下趾甲前端刚刚修剪过的地方（图 1-8）。

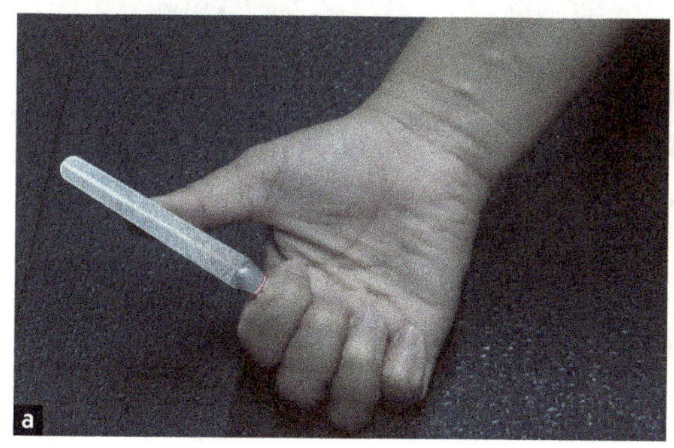

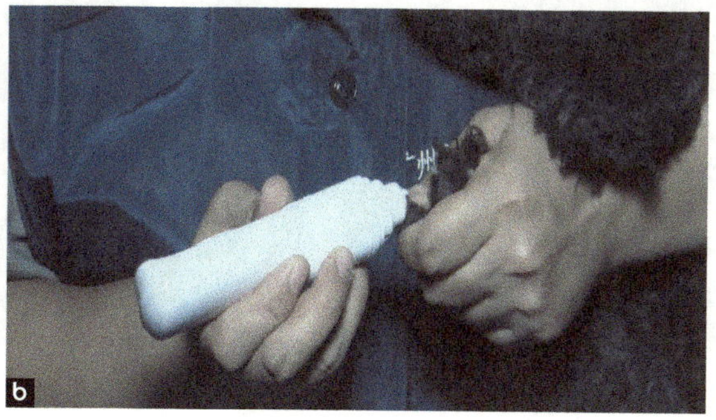

图 1-8

4）推剪的作用及保养方法

（1）推剪（图 1-9a）的作用。在给宠物进行腹底毛、肛周毛、足底毛的修剪时都需要用到推剪才能将毛发全部剃干净，一方面是卫生的需要，另一方面是安全的需要，当然某些宠物造型也是需要推剪的帮助才能完成的。

（2）推剪的保养方法及使用注意事项。

① 工作电源的电压尽量保持额定电压 220V。

② 修剪毛发时最好配备木梳同时使用。

③ 妥善保管，尽量避免摔落。

④ 使用前滴少许润滑油以保证刀头的锋利度。

⑤ 如在使用时声音变大，是因电源电压不稳定造成的，一般只需用调节钥匙左右进行调试即可。

⑥ 使用时如出现动力变小，要及时清理刀头的毛发，并注意关机让机体冷却后再使用。

⑦ 使用完毕，清理刀头，打油后套好刀套以保持清洁。

（3）推剪的手持姿势和使用方法。

① 推剪手持姿势（图 1-9b）。大拇指按压推剪柄的一边，另外四个手指按压推剪柄的另外一边，也可以采用反握法。

② 推剪使用方法。使用时，推剪头贴紧宠物皮肤推行（图 1-9c）。电动推剪长时间使用，推齿咬合部发烫会伤及宠物，应避免出现这种现象。

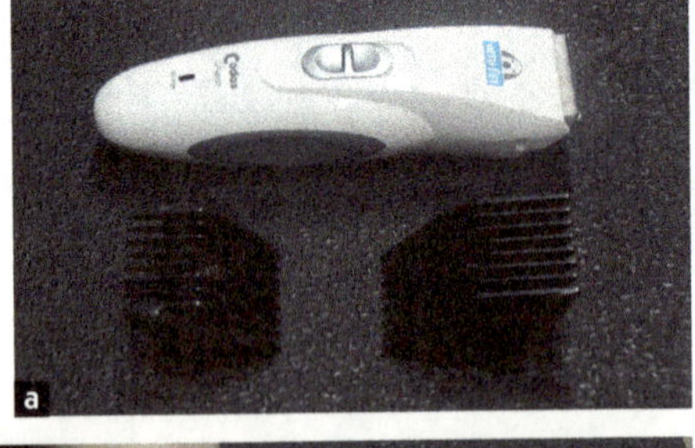

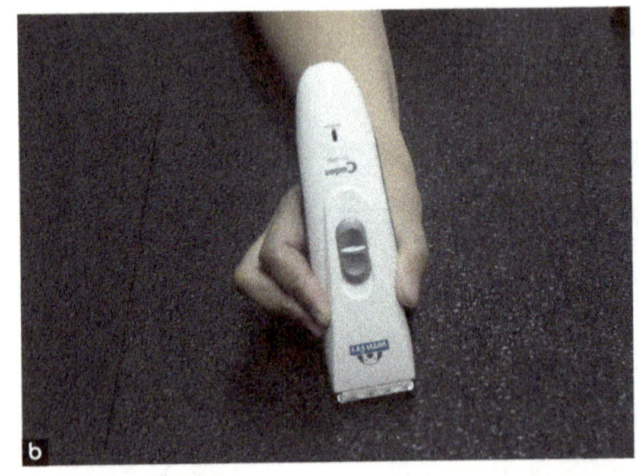

图 1-9

5）腹毛修剪

（1）用左手将宠物犬两只前腿从外侧向上提起，令其用后肢站立（图 1-10a）。

（2）剃腹部的毛，这里的皮肤较柔软，剃刀要轻剪为宜，生殖器官周围应格外小心（图 1-10b）。

（3）不要剃掉大腿内侧的毛，雄性宠物以其肚脐为顶点，将腹部的毛剃成“V”字形（图1-10c）。雌性宠物以肚脐为顶点，将腹部的毛剃成“U”字形，注意勿伤到乳头（图1-10d）。

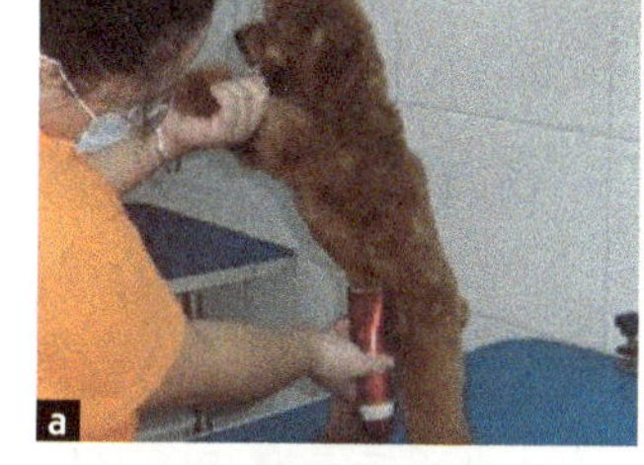
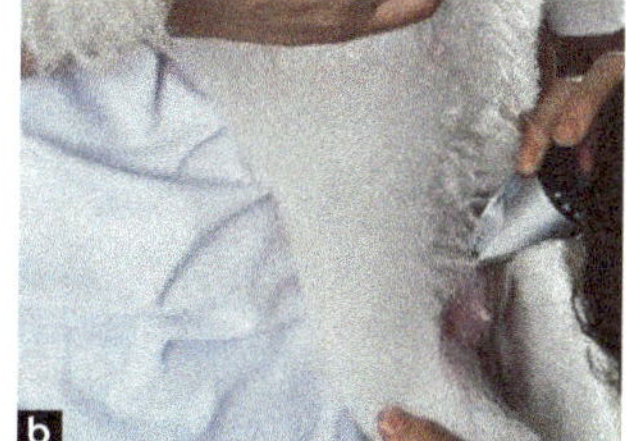
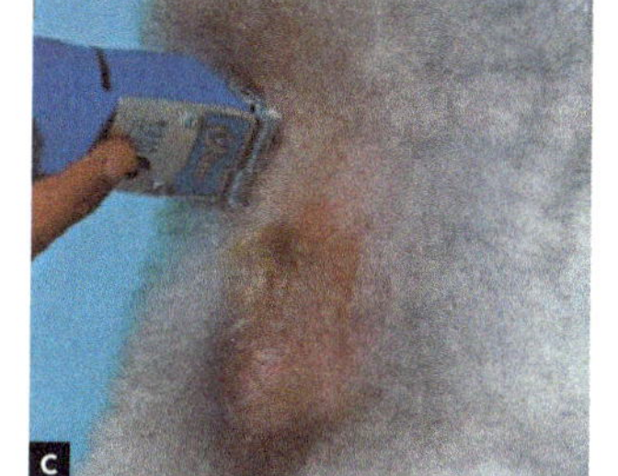
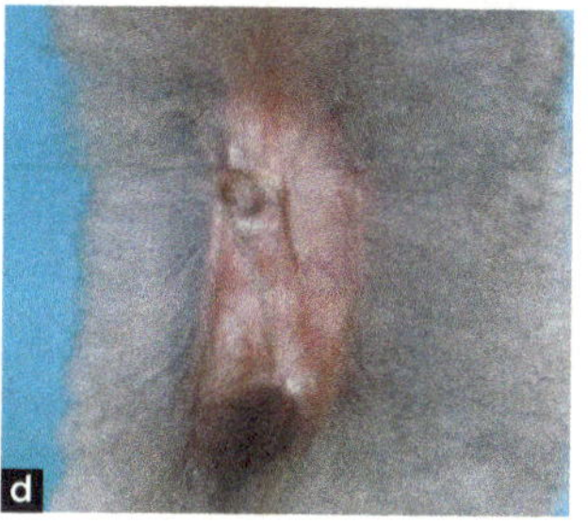

图1-10

6）肛周毛修剪

（1）用小指抵住尾根，抓住尾巴向后背方向拉，身体后部将被固定，肛门处便会绷紧，便于修剪（图1-11a）。

（2）先以推剪单边沿肛门圆周剃一圈（图1-11b）。

（3）在肛门下方，用推剪推出一个小小的标记。从小标记开始，向尾巴左右的尾根推剪，推成“V”字形（图1-11c）。

（4）为使尾巴翘起来时，皮毛不至于乱蓬蓬的，可把尾根周围的毛修剪整齐（图1-11d）。

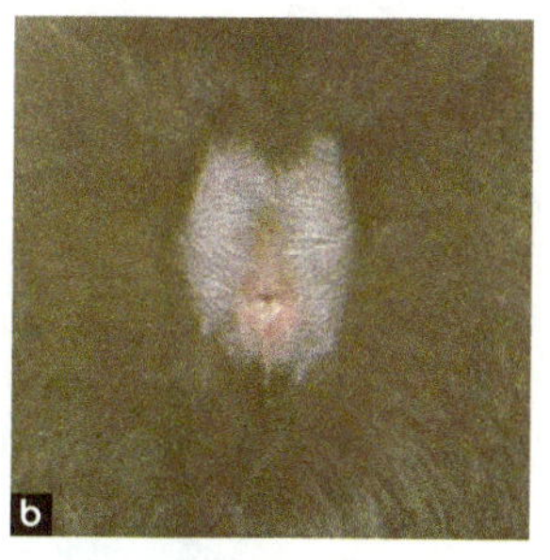
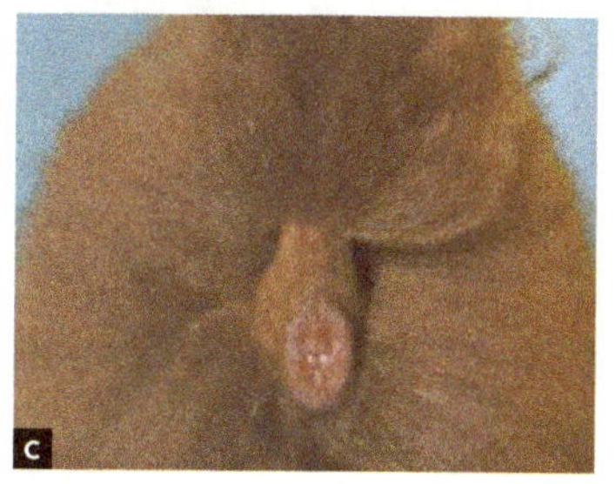
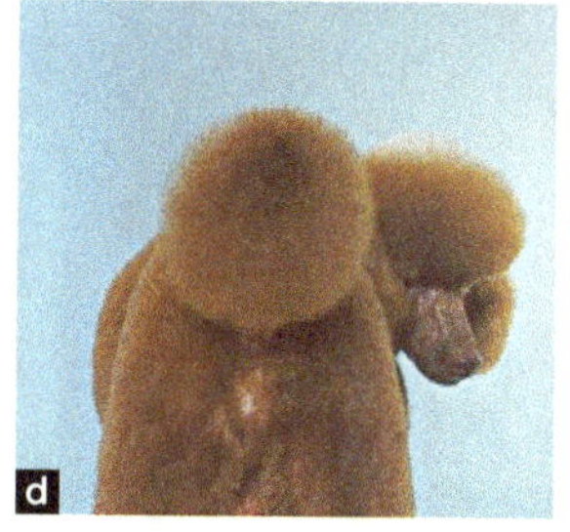

图1-11

7）沐浴用品的选择

（1）干洗粉（图1-12）。顾名思义，这是一种粉末状的清洁剂。使用时不用加水，直接把干洗粉撒入宠物的毛发里，再梳理均匀即可。它可以快速地去除宠物身上的异味和过量的油脂，一般多用于幼龄和手术后不宜沐浴的宠物。市面上的干洗粉品种很多，一般都是通用的。

（2）香波。香波因其浓郁的香味而受人喜爱（图1-13）。使用香波给宠物沐浴，可以有效去除异味，甚至

图 1-12

能让宠物长时间带有香波的香味。使用时一般用原液按比例兑水稀释使用，用手轻轻抓揉毛发发泡，配合按摩手势完成整个沐浴过程，这样可以避免过多的香波残留，洗不干净。注意要把香波残液清洗干净，以免宠物舔食中毒。

（3）普通洗毛液。普通的洗毛液按功效可以分为很多种，如保持毛发卷翘、恢复毛发亮泽、加强毛发柔韧性等功效的洗液，可以根据需要进行选择。

（4）具有药物成分功能的洗毛液。具有药物成分的洗毛液一般有 5 种（图 1-14），分别是：深层脓皮症专用洗剂、浅层脓皮症专用洗剂、除蚤专用洗剂、霉菌和细菌专用洗剂、脂溢性皮肤专用洗剂。这些沐浴液分门别类、有针对性地清洗才能让宠物病情得到缓解。

图 1-13

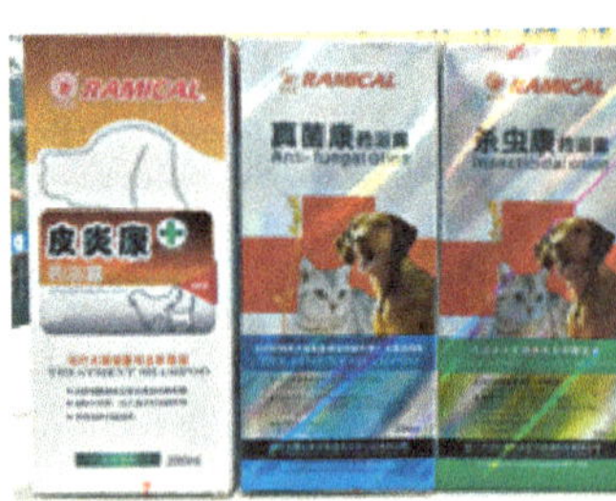

图 1-14

注意事项

1. 人类和宠物的皮肤酸碱度不一样，皮肤构造也完全不同，如果长期给宠物使用人类的洗护产品，就很容易给它们的皮肤造成过敏、瘙痒、干燥等问题。
2. 在使用清洁剂的过程中，清洁剂不宜长时间接触宠物的眼睛。
3. 防止宠物舔食清洁剂，以防中毒。

8）宠物护毛素的作用及使用方法

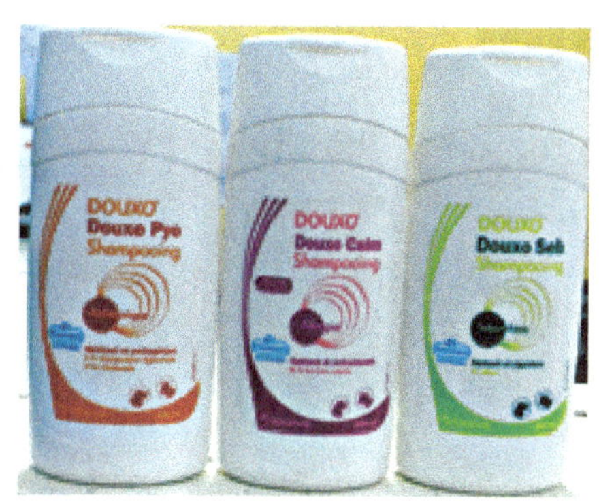

图 1-15

（1）宠物护毛素（图 1-15）的作用。长期使用护毛素可以很好地解决静电问题，使毛发不易打结。对于有颜色的宠物，则可以很好地起到保护毛色的作用。

（2）宠物护毛素的使用方法。正常情况下是先用沐浴液将宠物身体清洁干净，再使用护毛素。取适量护毛素加以稀释，均匀地涂抹在宠物身上，按摩 3～5min，用清水冲净。有毛结但不是太多的宠物可以在用沐浴液清洁前，先用护毛素，这样毛结比较容易打开。

（3）适合用护毛素的宠物犬。不是每只宠物犬都适合用护毛素，如贵宾犬、比熊犬、西施犬、约克夏犬等宠物犬用了会让毛发更柔顺，不易断。而猎狐㹴等硬毛犬种就不适宜使用护毛素。

（4）宠物护毛素使用注意事项。

① 身上有伤口或者有皮肤病的宠物不宜使用护毛素，会影响病情。

② 要做造型的宠物不宜使用护毛素。

③ 护毛素不宜在头部位置停留过长时间，以免使毛发塌落，影响美观。

④ 使用护毛素的宠物犬一定要将身体冲干净，不然身上会发黏，更可能会造成皮肤病。

9）洗浴

（1）全身由背线至两侧都要浸入水中（图 1-16a）。

（2）宠物的肛门腺在入浴前要挤干净分泌物，勒紧肛门腺，手向下握紧它的尾根，然后向它的背部方向揪起，这样肛门腺就会暴露出来，很容易处理了（图 1-16b）。

（3）厚重的被毛和腹部很难洗净，要用手掌接水后轻揉皮毛浸水。然后要用适量浓度的浴液涂抹全身（图 1-16c，d）。

（4）浴液起泡沫后用水冲掉污垢，再注入浴液擦洗（图 1-16e）。

（5）主要的长厚毛部分要用手抓住轻轻地揉搓（图 1-16f）。

（6）眼睛下部的泪囊部分要用手指轻揉洗净（图 1-16g）。

（7）腹部及四肢要抓住两只前腿令其站立后擦洗（图 1-16h）。

（8）清洗应由头顶开始向下进行，厚重毛部分要充分洗净（图 1-16i）。

（9）最后，要由头部向后方淋净眼部，避免直接刺激眼睛（图 1-16j）。

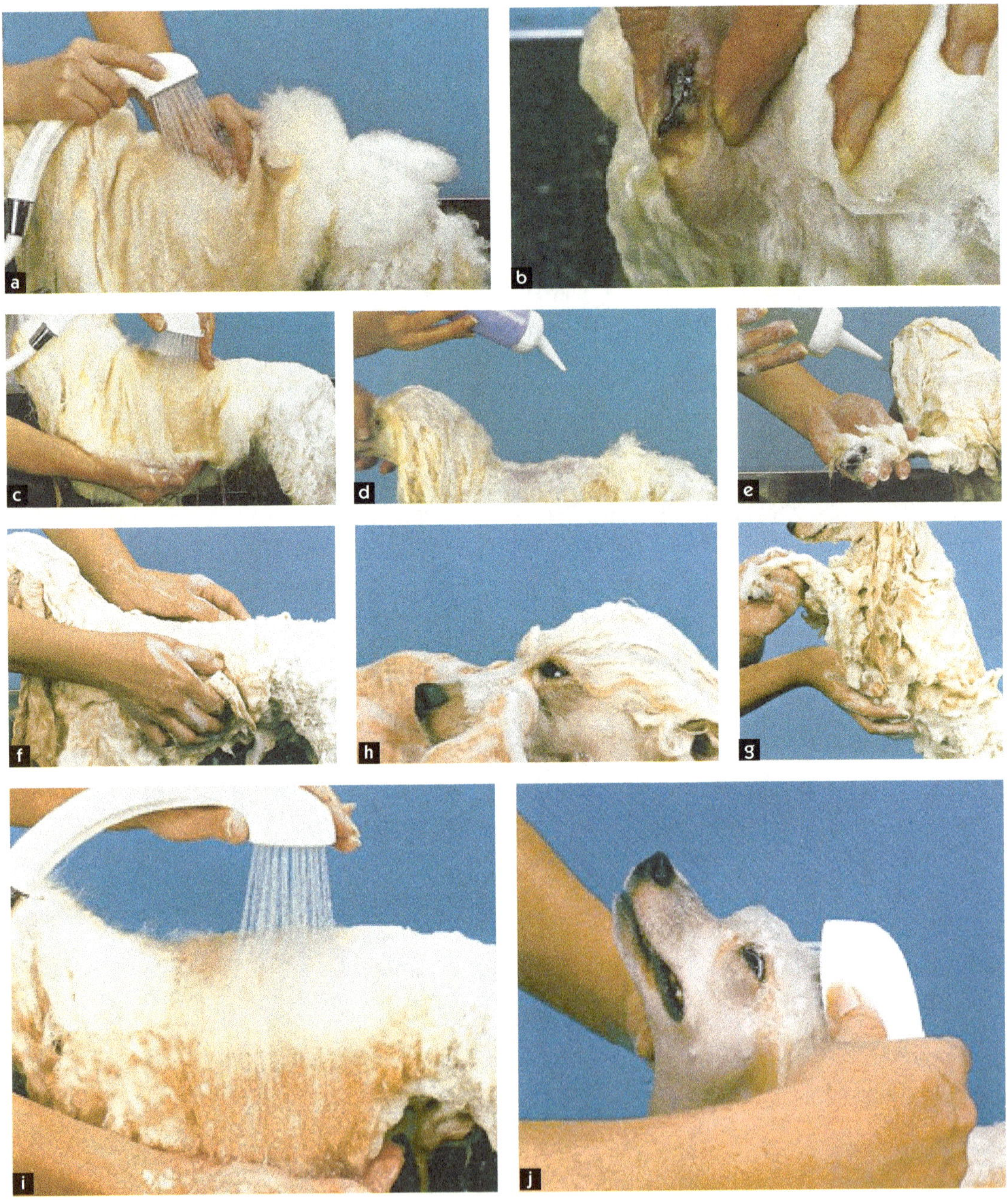

图 1-16

10）被毛护理

透过按摩与多重营养素的协助，让养分深入宠物皮肤毛细孔中，毛发因为有了养分的滋养，得以保持漂亮、健康。护理全过程分三个阶段。

（1）第一阶段：闭合，称为初段闭合，这一阶段先以护毛霜闭合毛发保护膜，让毛发组织得以在内部新陈代谢，深层排毒。

① 调和滋养霜：将护毛霜、松毛霜、pH平衡液等营养素以3：1：1的比例，加入温水调成糊状。

滋养霜加入松毛霜，目的是修复并滋润受损毛发，及维护皮肤健康的酸碱平衡液。在初段闭合的主要功能是帮助毛发及皮肤作新陈代谢。

② 将滋养霜均匀抹在干的宠物毛发上，并按摩5min。

③ 以大毛巾包裹宠物全身10min。

包裹大毛巾主要是保持毛发表面温度，不让水分流失，帮助养分在毛囊与毛细孔中的运行。注意：大毛巾足够保持基础SPA表面毛发温度，如是深度SPA，则建议采用保鲜膜包裹。

（2）第二阶段：中段打开，也就是洗净的动作，意即打开护膜层，让脏污与毒素完全排出。

① 完成初段闭合后，稍微用温水冲洗毛发，即可开展洗毛动作。（洗毛最主要的意义是打开护膜层，让毛发与皮肤新陈代谢后的脏污，得以彻底排出）

② 将温水注入SPA（水疗）机水槽内，水的高度不要没过宠物背部。并将皮毛松缓片投入水中，把宠物放入水槽内，先开启轻度的水波按摩，再开启臭氧（打开不能超过5min），背部或温水浸不到的毛发，可用水瓢舀水淋身，维持15min。

SPA是一种程序，在达到目的之前，建议一周一次，例如增色SPA，每周一次，目的达到后，建议改每月一次，定期做SPA保养护理，可让毛发维护好状态，减少问题发生。

（3）第三阶段：末段闭合，再度闭合护膜层，保护皮层与髓层，此时护毛霜的各种养分可以直接进入毛发组织，让皮肤和毛发完全吸收养分。

① 再度调和第一阶段所用的滋养霜。

② 将滋养霜抹在毛发上，并以手按摩毛发及皮肤，5min后，温水冲净。吹干。

第一步，用浴巾包住宠物身体，移至美容台上将水分擦干。

第二步，剩余水分用吹风机吹干，边吹边用毛刷，要一点一点梳直每一个部位，直至毛根部完全吹干为止。

第三步，吹风完毕用直排梳将全身毛发重新梳理一遍，检查是否有打结或没吹直的毛。

③ 上双色液或柔亮液。

11）吹风机的使用及保养方法

（1）吹风机的使用。

① 吹风机的分类：电风筒（手握式、立式）、吹水机（台式、吊臂式）（图 1-17）。

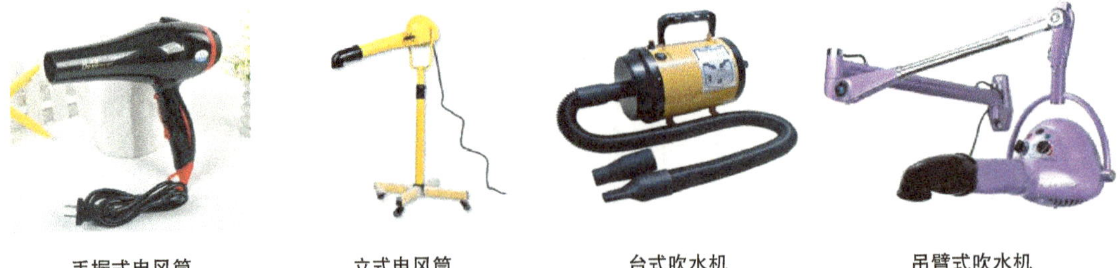

手握式电风筒　　立式电风筒　　台式吹水机　　吊臂式吹水机

图 1-17

② 吹风机作用。宠物的被毛数量比人类毛发多了好几倍，为了加速干燥，可使用宠物专用大型吹风机，它的设计是大出风量（快干）低热（宠物对热的忍耐程度比人类低）。

③ 吹风机的使用方法。由于吹风机比较重，所以一般都是夹放在美容桌上使用（图 1-18）。必须从逆毛的方向吹梳，把多余的水分梳掉，记住一个原则“风吹到哪里，梳子就梳开哪里”，如果等吹完毛才梳，比较容易打结。

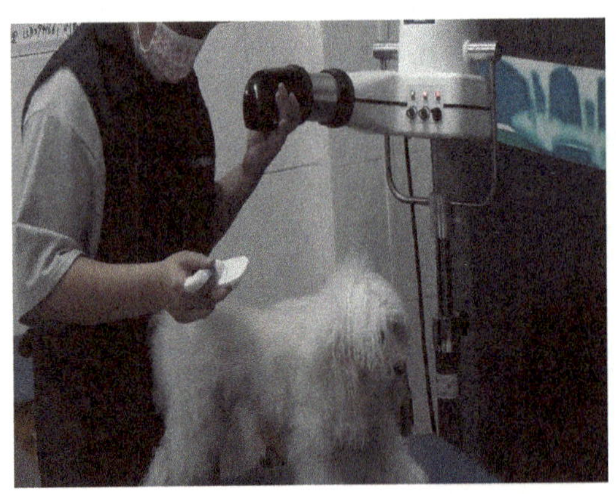

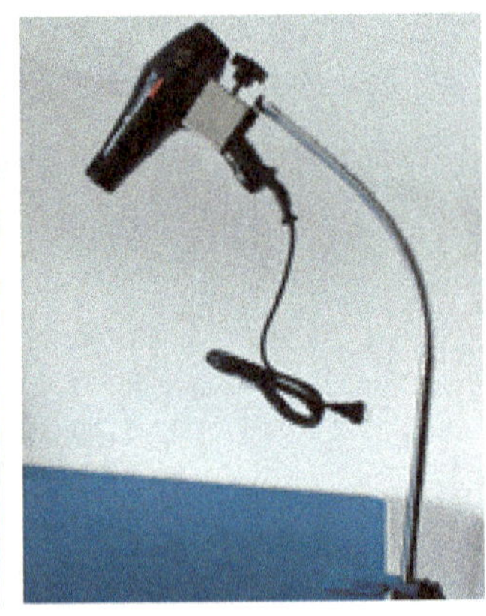

图 1-18

（2）吹风机的保养方法。每次使用后要将电源断开，清理干净吸进去的杂毛。

想一想　练一练

什么是纳米微泡？负离子对宠物有什么好处？

（六）评价与反馈

学习任务评价表

学习任务							
姓　名		小组名称		组长			
评价内容		评价标准	分值	得分			
				自评	组评	师评	
1	专业能力	① 获取信息、整理材料能力（配合小组长工作，积极查阅资料）	10				
		② 方案制订合理、安全操作（能对本人所负责填写的表格正确完成）	10				
		③ 根据组内同学各自的特点完成任务书的角色分配	10				
		④ 能完成总结	20				
		⑤ 成果展示解说能突出本组的特色	10				
		⑥ 对其他组的成果能提出有建设性的意见	10				
2	方法能力	工作方法综合表现（操作的规范与熟练程度）	10				
3	社会能力	团队合作、责任心、态度（专心进入角色扮演，能很好与同学沟通）	10				
4	个人能力	自我学习、创新、表现能力（检查、发现问题与解决问题能力）	10				
合　计			100				
总评（自评占20%、组评占30%、师评占50%）			100				

教学任务学习反馈单

学习领域			总 学 时	
学习模块		学习任务		学　时
姓　名		班　级		
1. 对该学习情境是否感兴趣?	A. 感兴趣　B. 一般　C. 没感觉　D. 其他			
2. 是否了解该学习情境的教学目标?	A. 清楚　B. 有点了解　C. 不知道　D. 其他			
3. 该学习情境的学习任务内容是否丰富?	A. 丰富　B. 一般　C. 内容少　D. 其他			
4. 该学习情境的难易程度是?	A. 难　B. 一般　C. 简单			
5. 该学习情境课时足够吗?	A. 充足　B. 一般　C. 很少			
6. 在该学习情境中，能让你获得成功的体验是:	A. 与其他学习方法相比，觉得自己进步了 B. 与其他同学相比，觉得自己进步了 C. 能学习到自己想学习的知识 D. 其他（　　　　　　　　）			
7. 对该学习情境有什么意见和建议?				

【任务拓展】

图 1-19

约克夏犬（图 1-19）的耳廓里有些凌乱细碎的小毛，为了美观和卫生，必须要拔去，用耳毛钳或手拔除，一次 5 根左右。这种犬很爱玩，最好把它们的脚底毛剪去以免日常奔跑时滑倒。它们长长的被毛一定要沿背线从后往前中分，梳开理顺才美观。最适合它们的洗澡周期是一周一次。

有的主人怕约克夏犬太热，干脆给犬全身剃个精光。结果这些爱漂亮的约克夏犬被剃光毛发之后常常变得自卑，就像人被脱光衣服一样地难为情，有些犬还可能会整天躲起来或是乱发脾气。所以宠物犬剃毛后，要适时地给予鼓励及夸奖，过一段时间就能恢复平静的心情了。我们也可以应用一些按摩手法让约克夏犬的毛发更丝滑。

一、宠物按摩的目的

（1）按摩可调理身体、放松身心，针对宠物情绪易紧张、焦虑等情况，通过正确的按摩手法，不但能够促进血液循环，还能安抚宠物的情绪，让宠物身心得到放松。在全身按摩之后，还能针对局部特别加强，以舒缓宠物身体的不适。

（2）通过不同方式的按摩手法，我们可以针对宠物浅、中、深层肌肉给予纾压，达到完全放松的效果，同时还能有效帮助肌腱与关节的伸展、促进血液循环、排毒、放松紧张焦虑的情绪等。

二、宠物按摩的方法、步骤

（一）按摩的手法

下述两种手法各有其优点，我们可以先从基础的放松肌肉及心情的按摩方式开始，待动作熟悉之后，再试着结合穴位的按压方式，来为宠物按摩，既可以放松身心，还有助于强健身体。

1. 西方按摩

这种手法以促进血液循环，放松身心为主，如一般常见的精油按摩或海泥按摩，就是透过肌肉按摩来纾压。

2. 东方按摩

这种手法是借由刺激穴位，让“气”能够流通至全身，如指压按摩及容颜按摩。

（二）按摩步骤

1. 肢体接触训练

这种类型的训练，开始训练的年龄越小，效果越好。主要是让宠物习惯被抚摸，觉得这是一件幸福的事，然后完全放松地将自己交给美容师，从而养成信任、配合护理的良好习惯。

（1）美容师跪趴在宠物身后，手握住它的前脚，使它趴下。如果宠物试图站起来，要压住它的身体，使它继续保持趴下的姿势。

（2）从尾根到尾部末端，温柔且缓慢地抚摸尾巴。

（3）让宠物仰卧，试着抚摸宠物的耳朵及四肢。

（4）抚摸躯干及其他部位，以得到它完全的信任为止。

2. 安定训练

这种类型的训练，主要是针对不习惯，甚至是不喜欢被抚摸的宠物，让它们习惯被紧紧抱住并加以束缚的教育方法，可加强主人与宠物间的依赖关系。

（1）美容师站在宠物身后，让它先坐下，再用双膝夹紧宠物，从后面缓慢抚摸它的脸部及身体。如果宠物挣扎，就持续紧抱住它，直到它恢复平静为止。

（2）一手压住宠物的胸口，一手握住下颚，直到它习惯被人抚摸。

（3）手握住宠物的嘴巴，再上下左右转动。

（4）张开宠物的嘴巴，抚摸牙齿（这个动作可以让宠物习惯灌水或刷牙）。

3. 宠物按摩

1）肌肉按摩

第一步，使宠物趴下，用手掌抚摸的方式，从头部到尾部，轻轻抚摸全身。

第二步，改用指尖稍微施力（用能带动体表的力度），依照第一步的方式再抚摸一次即可。

2）穴位按摩

第一步，推，掌推通常是用于脊背区的按摩，具有促进血液循环的功效。

① 动作要稳定、准确，且施力均匀。

② 顺着毛发生长方向，以及气血流动的方向（从头到尾）来进行掌推。

第二步，按，可用单指按或双手按，常和“揉”法结合，一边按、一边揉，以增加效果。单指按通常是针对单点的穴位加压（如足三里），而双手按则是用在脊背区。

第三步，摩，分为指摩、掌根摩及掌摩三种，依品种体型不同，可选择不同的摩法。

① 施力要轻柔、和缓。

② 回旋速度以 10～20 次 /min 为宜。

第四步，揉，分为单指揉、双指揉及掌根揉三种。单指揉是特别针对穴位点；双指揉则用于脊背区的按摩，可放松肌肉；而掌根揉通常是揉头部的时候会用到。“揉”法跟“摩”法有点像，但是用的力道比较深层，会带动体表。

① 不管是用指腹或掌根按摩，都要紧贴皮肤。

② 按摩速度与力度要和缓。

③ 肌肉厚的部位深揉（如背部、躯干）；肌肉薄的部位则需浅揉（如头部、颈部和腹部）。

第五步，拿，分为五指拿与三指拿两种，方法为“用手指提起皮肤”。唯一能够使用“拿”法的部位，就是全身皮肤最松弛的脊背区，有助于疏通关节与全身气血循环，激发和调整脏腑功能。

第六步，搓，以大拇指或手掌，在按摩部位前后或上下反复擦动。这是属于比较大范围的按摩指法，可促进血液循环，有助于预防和延缓老年宠物患肾脏疾病，通常用于脊背区、腰部与脚趾间。

① 顺毛和逆毛反复进行。

② 施力和速度以让作用深达皮下和肌肉为目的。

③ 搓的速度比其他指法稍微快一点，约 60 次 /min。

三、宠物按摩的注意事项

（1）在帮宠物按摩时，不同的部位应该通过不同的手法来达到所需的效果。

（2）在 10～20min 的时间内，帮宠物用六大手法全部按过一遍。

（3）没有规定哪一种手法的按摩时间，可以根据本次想要加强哪个部位，去调配六大手法的比例和次数。

（4）我们所用的按摩手法，主要是针对平时宠物改善小毛病、强身健体等目的之用。如果想要有更深入的了解，或是宠物本身有特殊需求，建议量身设计按摩方法。

【思考与练习】

1. 写出宠物美容各阶段的工作流程。

2. 现在主人们都喜欢把自家的狗狗打扮漂亮出门，所以他们也越来越关心宠物的毛质问题。宠物护毛素在市场上的品种非常多，并且功能也很多，使用宠物护毛素有什么作用？

任务2 博美犬美容

【任务目标】

（1）通过与宠物主人和宠物的接触，学会与宠物主人和宠物的沟通方式、方法。

（2）通过给博美犬进行造型，学会博美犬的美容方法。

（3）通过给博美犬进行修剪美容，学会初级美容工具的使用方法。

【任务分析】

以3～5位同学一组，每组同学参考任务描述表合理分工，共同完成本任务，从而加强团队合作精神的培养。本次任务对象是博美犬，这种犬属于玩赏犬类，在美容时比较易于交流，能够给它修剪出展现自己特点的造型就是本次任务的目的。要达到这样的目的，就要求我们首先要熟悉博美犬的体型特点，根据它的体型特点做修剪造型。

任 务 书

<table>
<tr><td>学习领域</td><td colspan="2">宠物美容与护理</td><td>总 学 时</td><td colspan="3">120</td></tr>
<tr><td>学习任务</td><td>宠物美容</td><td>分解任务</td><td>博美犬美容</td><td>学　　时</td><td colspan="2">12</td></tr>
<tr><td>专业班级</td><td></td><td>小组名称</td><td colspan="4"></td></tr>
<tr><td>任务目标</td><td colspan="6">通过老师的讲授和视频的展示，让学生能说出博美犬的美容步骤，再经过老师的操作展示和任务实施，让同学们学会博美犬的美容方法。</td></tr>
<tr><td>学生需填写任务单</td><td colspan="6">1. 宠物美容信息收集表
2. 美容工具准备表
3. 工作任务评价单
4. 教学任务学习反馈单</td></tr>
<tr><td>任务介绍</td><td colspan="6">博美犬属于玩赏犬，在美容的过程中最注重的是被毛的护理和造型修剪，在美容前要根据自己小组的《宠物美容信息收集表》来选择适合的美容工具、材料，每一种工具、材料的大小型号和质地都要仔细地选择，填写好《美容工具准备表》，这样在造型修剪的过程中才能得心应手。
以一位学生扮演宠物主人，带一只博美犬来做美容护理，根据宠物主人的要求完成整个美容护理过程。要完成这个过程需设定前台接待员1位、助理美容师2位、美容师1位，请每组成员按此岗位比例进行分工。</td></tr>
</table>

续表

姓　名	性　别	学　号	分配任务

【相关知识】

宠物美容是一种时尚潮流，美容技巧配合修剪技术可将宠物的优点表露出来，突出宠物可爱的一面。宠主和美容师也可根据个人爱好和当地气候，为宠物做不同造型，使宠物更容易打理。事实上，宠物也会因外表的改变而变得更有自信心，更加讨人喜欢。

图 1-20

博美犬（图 1-20）也称波美拉尼亚犬（松鼠犬），是狐狸犬家族中最小的犬种，其名出自原产地波美拉尼亚，在波兰西北部和德国东北部沿海交界地。博美犬为双层被毛。上层被毛长、直、竖直，下层被毛短、厚、棉线样。头、耳、前后腿的前侧以及脚均覆盖有短、厚（柔软的）毛发。躯体其他部分有长且丰富的被毛。不卷曲、成波浪状或绳状，不在背上分开。颈和肩被有粗鬃毛。前腿后侧的饰毛良好。后腿上自臀部至飞节被有丰富的饰毛。尾巴如扫把样。博美犬需要定期整理被毛，不适合生活忙碌、无空闲时间的人士饲养。华丽的皮毛，不仅需要经常修剪，还需每日细心的梳理。因体毛丰厚，换毛期脱毛量大，应经常保洁护理，洗澡以每周一次为宜。

【任务实施】

一、流程

二、准备

（一）材料准备

排梳、7 寸直剪、7.5 寸牙剪、推剪、沐浴液、护毛素、剪刀保养油、眼镜布、干棉花。

（二）其他准备

多媒体、无线网络、计算机、相关书籍。

三、实施

（一）布置任务

现在有一位宠物主人带着一只 1 岁的母博美犬来到宠物医院，这只博美犬的主人从来没有带它进行过专业美容，现在希望对它进行一次专业的全套美容护理。

想一想 练一练

对于一只第一次进行美容护理的宠物犬，你会如何与它完成第一次接触？

____

____

（二）制订计划

博美犬属于玩赏犬，此种犬种性格健康且开朗，有个性，活力充沛，如何把它打扮漂亮，让它更加讨人喜欢是重点。所以针对主人的要求，最好是以特点造型作为本次任务的主要内容，前期工作先要完成基础美容工作。

（三）信息收集

当宠物主人来到宠物医院时，首先是要前台负责接待工作，咨询、记录好宠物主人和宠物的基本信息及宠物主人的要求。

宠物美容信息收集表

<table>
<tr><td>主人姓名</td><td colspan="3"></td><td colspan="2">联系电话</td><td colspan="1"></td><td>日　期</td><td></td></tr>
<tr><td>宠物品种</td><td></td><td colspan="2">宠物昵称</td><td></td><td colspan="2">宠物年龄</td><td>宠物性别</td><td></td></tr>
<tr><td rowspan="4">洗　澡</td><td colspan="8">Ⅰ级（一般冲洗、修甲）</td></tr>
<tr><td colspan="8">Ⅱ级（Ⅰ级＋眼、耳、肛门腺清洁）</td></tr>
<tr><td colspan="8">Ⅲ级（Ⅱ级＋脚底毛修理、牙齿清洁、毛发深度护理）</td></tr>
<tr><td>备注</td><td colspan="7"></td></tr>
<tr><td rowspan="2">沐浴液选择</td><td>澳路雪</td><td>波波</td><td>丽丝</td><td>家朵</td><td>宠怡</td><td>顶尖</td><td>中彩</td><td>其他</td></tr>
<tr><td></td><td></td><td></td><td></td><td></td><td></td><td></td><td></td></tr>
<tr><td rowspan="4">造型修剪</td><td colspan="8">Ⅰ级（修短、剪整齐）</td></tr>
<tr><td colspan="8">Ⅱ级（赛级妆）</td></tr>
<tr><td colspan="8">Ⅲ级（特殊造型、染色等）</td></tr>
<tr><td>备注</td><td colspan="7"></td></tr>
<tr><td colspan="2">宠物主人签名</td><td colspan="3"></td><td colspan="2">前台签名</td><td colspan="2"></td></tr>
</table>

想一想 练一练

针对这只第一次进行美容护理的宠物犬，你会推荐什么配套服务给它的主人？

（四）材料准备

前台工作人员将信息收集记录完后，两名助理宠物美容师就要接上工作任务，其中 1 名助理宠物美容师根据《宠物美容信息收集表》将所需要的材料、工具总结归类，填写《美容工具准备表》准备工具和材料，另外 1 名助理宠物美容师负责保定好宠物。

美容工具准备表

工具名称	型号 / 品牌	数　量	工具名称	型号 / 品牌	数　量
圆柄梳	大		解结刀		
圆柄梳	中		解结膏		
	小		美容粉		
针梳			刀头清洁剂		
鬃毛刷	大		刀头冷凝剂		
	中		剪、刀头润滑剂		
齿梳	最阔（牧羊）				
	阔窄（粗细）		洗浴液	澳路雪	
	双层（长短）			波波	
	密齿（面梳）			丽丝	
	极密（蚤梳）			家朵	
	分界梳（挑骨）			宠怡	
剪刀	直剪			顶尖	
	弯剪			中彩	
	牙剪			其他	
拔毛刀	SS 细目刀（有刃）		洗眼液		
	S 中目刀（有刃）		趾甲锉		
	M 粗目刀（无刃）		趾甲刀		
耳毛粉			止血粉		
耳毛钳			美容工具包		
洗耳水			消炎耳油		
宠物主人签名			助理美容师签名		

想一想 练一练

在修剪美容的过程中，可以使用那一类型的梳子辅助完成？

____

____

（五）任务开展

1. 基础清洁护理

基础清洁护理包括毛发梳理，耳部清理，眼部清洁，趾甲修剪，洗浴和被毛护理等，具体的步骤和注意事项参见任务 1 约克夏犬的美容。

2. 直剪使用

1）直剪的作用及保养方法

第一，直剪的作用。直剪（图 1-21）是宠物美容工具里的一个重要工具，也是美容师在宠物造型操作中不可缺少的一个工具，不同型号的美容直剪，用于不同的修饰部位或个体大小不同的宠物。正确的使用和保养会延长直剪的使用寿命。为了更好地完成造型，一个美容师通常会准备 3 ~ 4 把美容直剪。

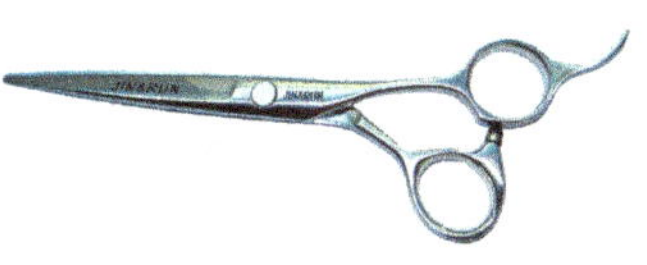
图 1-21

第二，直剪的保养方法。

① 用干棉花轻轻除去附着在刀具上的毛发和污渍。

② 滴保养油，并用柔软的绒布进行擦拭（擦拭时绒布必须沿着刀刃的走向移动）。

③ 放回剪刀盒或包里面，防止碰撞和摔落。

2）直剪的使用方法

（1）直剪手持姿势如图 1-22a 所示。

① 以拇指和无名指为主，其他手指起稳定作用。

② 使用时靠拇指活动，其他手指不动。

（2）直剪使用方法。

① 手掌伸直，放松，剪刀套进手指内（图 1-22b）。

② 握住剪刀。拇指插入指孔，无名指插入食指孔，小指必须插入小指孔。这时，要注意拇指不要插入太深（图 1-22c）。

③ 使用剪刀时，尽可能打开刀呈 90° ，只活动拇指，其他手指不动（图 1-22d）。

④ 剪刀保持直线握法（图 1-22e）。

⑤ 运剪练习，上 30 次，下 30 次，左 30 次，右 30 次，反复练习。

3）直剪使用注意事项

第一，在进行剪刀练习操作的时候要注意人身安全，防止剪刀伤到自己或者他人。

第二，在进行剪刀练习操作时剪刀不能摔落在桌面或地上，防止摔坏。

第三，在对宠物进行剪刀练习操作时，注意动作不能太大，以免惊吓到宠物引起不必要的

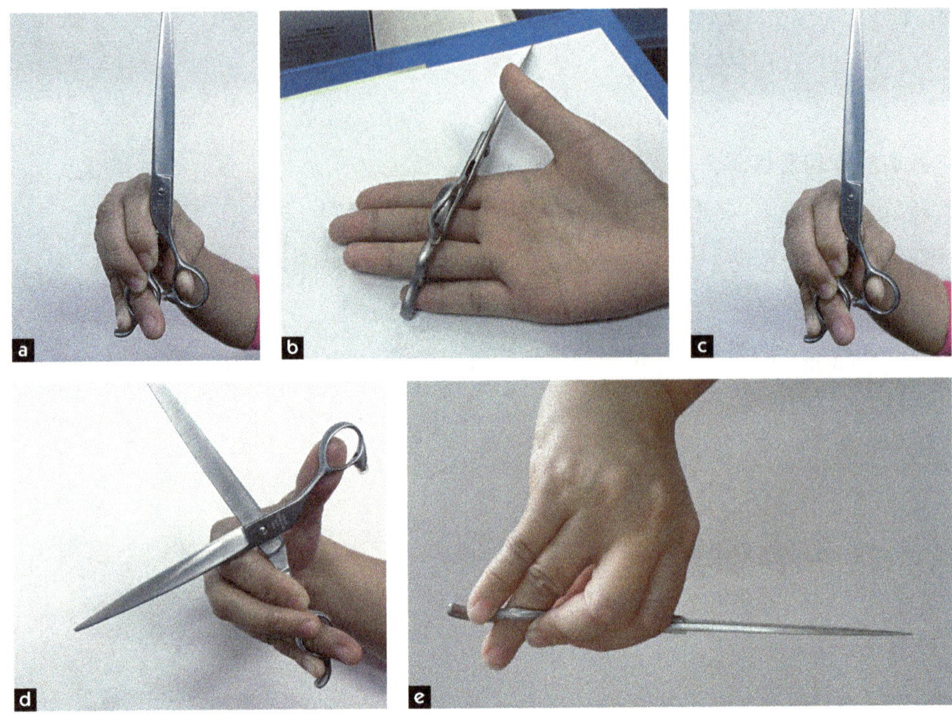

图 1-22

伤害。

3. 排梳使用

1）排梳的作用

排梳是最常用的梳理工具，好的排梳需要具备以下条件：材质坚硬（以金属制品为主），不易弯曲变形；表面镀层好，能防静电；疏密两边重量平均，中心点一致；针尖圆滑，不卡毛。排梳用于被毛的梳理和挑松，以及剪毛时配合剪刀挑毛。

2）排梳的保养方法

第一，每次在使用前都要先去除防锈保护层。

第二，每次使用完之后都要彻底清洗，并涂上润滑油，保持做周期性的保养。

第三，放回工具盒或包里面，防止碰撞和摔在地上。

3）排梳的使用方法

第一，排梳手持姿势如图所示（图 1-23a）。

以拇指按压梳子的一面，另外四个手指按压梳子的另一面。

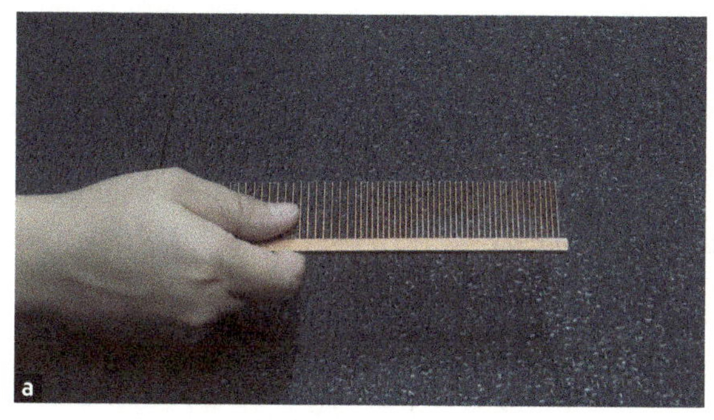

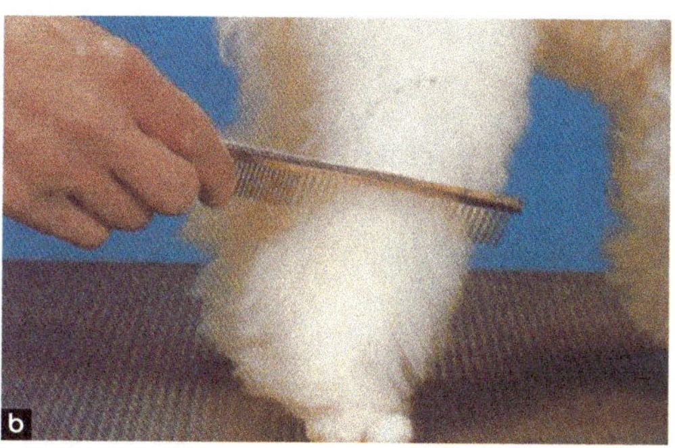

图 1-23

第二，梳子主要用来整理犬毛，博美犬比一般犬小，要逆向梳毛，防止静电（图 1-23b）。

4. 口腔与牙齿护理

1）口腔与牙齿护理的目的

（1）犬同样也会有牙病，唾液中的钙化盐逐渐形成牙垢，在牙齿底部积聚，从而导致齿龈炎或牙齿脱落。

（2）老年犬或重病的犬如果经过抗生素治疗，牙齿可能变黄，另外，某些疾病也会导致牙齿脱钙。

（3）牙釉坚厚，牙瘘管及牙齿脓肿，会妨碍犬永久齿的生长和发育。

2）口腔与牙齿护理的方法、步骤

（1）将犬肌肉注射全身麻醉药，待其完全麻醉后将其平放到美容台上，向眼内滴入眼药。

（2）将犬脖颈处用软垫垫起，使其头向下低（这样做的目的是防止在洗牙时，水进入气管内造成犬窒息）。

（3）将 2 根绷带分别绑在犬的上颌和下颌，并拉动绷带，使其嘴巴完全张开，牙齿暴露在外，一手拿起洁牙机柄，将洁牙头对准牙齿，一手用棉签将吻部翻开使牙齿露出，进行清理。清理过程中如果有出血，属正常现象，及时撒上少量止血粉即可。清理完一侧后再清理另一侧。

（4）检查牙齿内侧是否有结石，如果有，也应该一同清理干净。

（5）在清理过的牙齿与牙龈处涂上少量碘甘油，主要是起消炎作用。犬洗牙后，应连续服用 3～4 天消炎药，并连续吃 3 天流食，以免食物过硬，损伤牙龈，造成再次感染。

3）口腔与牙齿护理的注意事项

（1）犬的牙齿每年至少应接受一次兽医的检查。

（2）宠物主人应每周给宠物检查一次，看是否有发炎的症状（实际上超过 75% 的成年犬需要对牙齿进行清洁护理）。

（3）坏牙的第一个警告性标志是由于牙缝中的残留食物引起细菌滋生而导致的口腔恶臭。如果忽视对犬牙每周一次的护理和每年一次的兽医检查，那么对坏牙唯一的处理方法就只能是拔牙了。

（4）幼犬换牙时，应仔细检查乳牙是否掉落，尚未掉落的乳牙会阻碍永久齿的正常生长，造成永久齿的歪斜，容易积聚食物残渣等，特别是小型犬常有乳齿不掉的问题。

5. 造型修剪

（1）将博美犬的四只足修剪成“猫足”型（图 1-24a）。

（2）以 45° 角修剪臀部（图 1-24b）。

（3）从臀部到飞节的地方修成半圆形（图 1-24c）。

（4）让臀部显得比较饱满，形成“鸡腿”型（图 1-24d）。

（5）臀部中线修剪，将左右两侧的臀部区分开（图 1-24e）。

（6）大腿外侧修剪成大圆弧形（图 1-24f）。

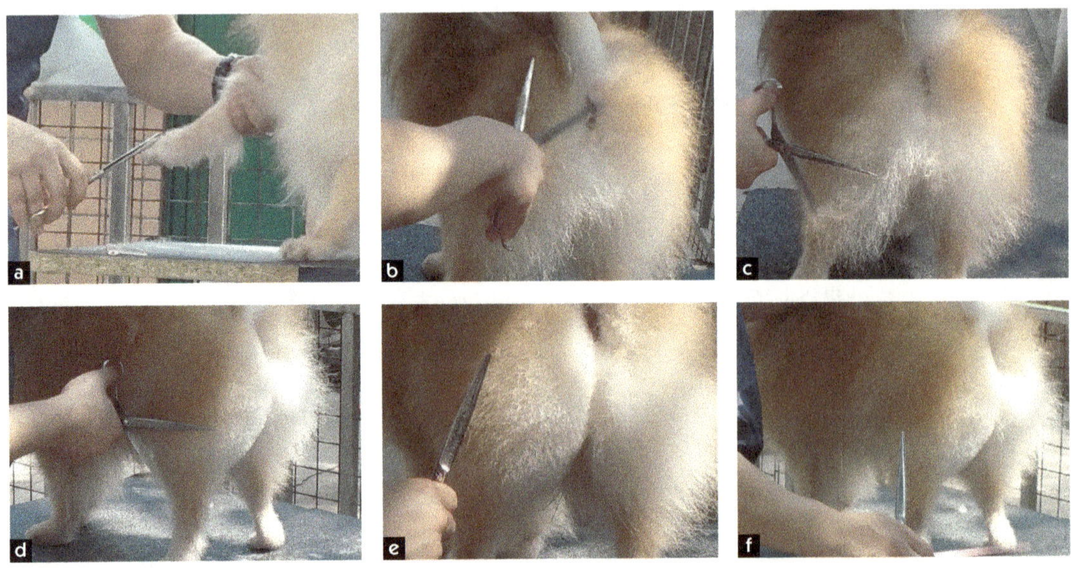

图 1-24

（7）从外侧至后侧，将整体修圆（图 1-25a）。

（8）修剪大腿内侧，如果看不清楚可以将一后脚提起操作（图 1-25b，c）。

（9）修剪背线部分，以平整为原则，从左往右造型（图 1-25d）。

（10）第一次先将背线修剪至身长的 2/3（图 1-25e）。

（11）身体中部的修剪，从前往后运剪，与臀部持平（图 1-25f）。

（12）从上往下运剪，不需要把腰剪得过细，博美的整体是呈球形的（图 1-25g）。

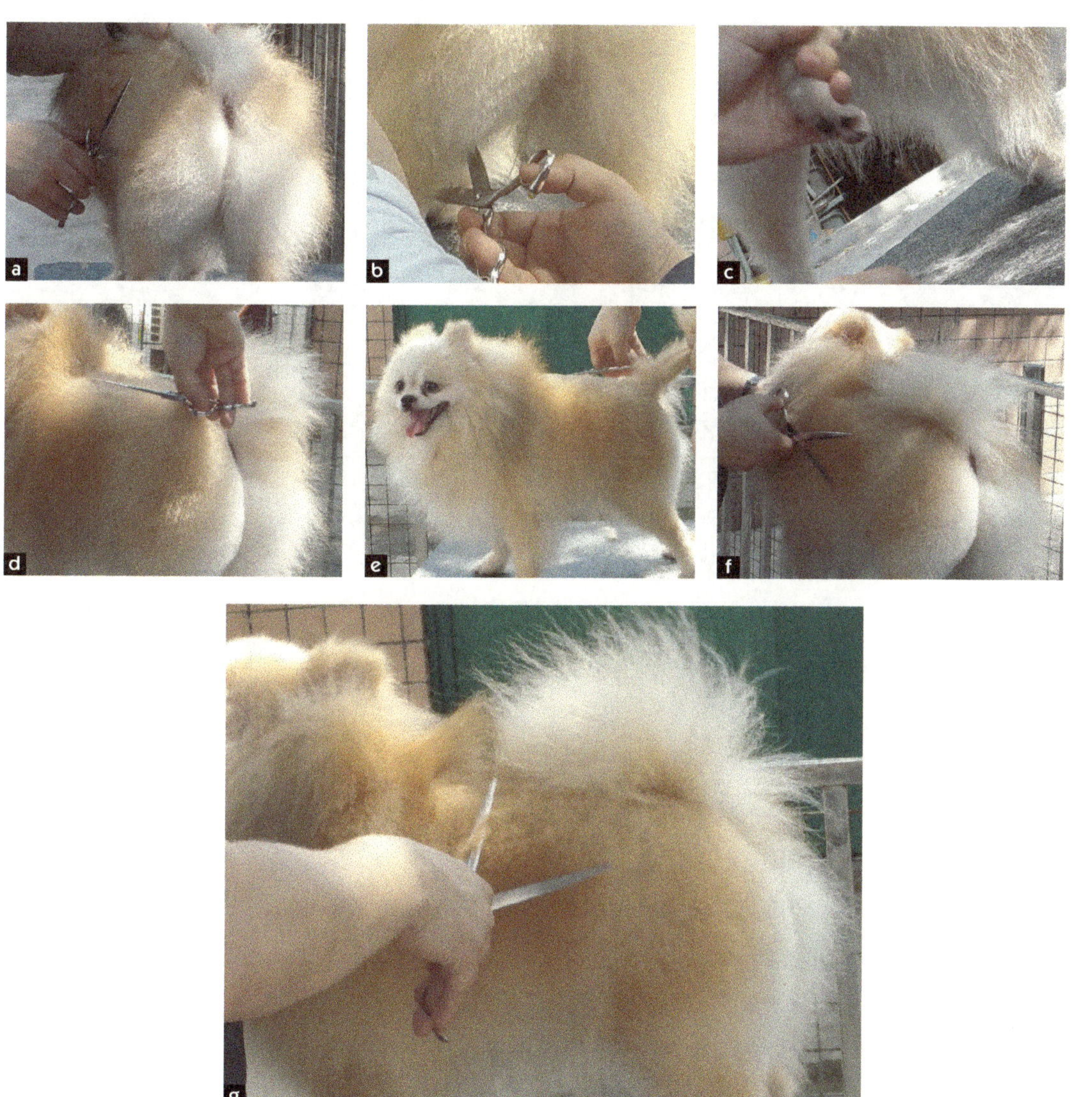

图 1-25

（13）将身体中部与臀部衔接起来，将所有“角”去掉（图 1-26a）。

（14）与手肘平齐修剪下腹部，将内下腹部也一并修整齐（图 1-26b）。

（15）前胸修剪成饱满的半弧形，上部向前倾斜至前胸最突的位置，这是第一个面——斜面（图 1-26c）。

（16）前胸最突的地方是第二个面——平面（图 1-26d）。

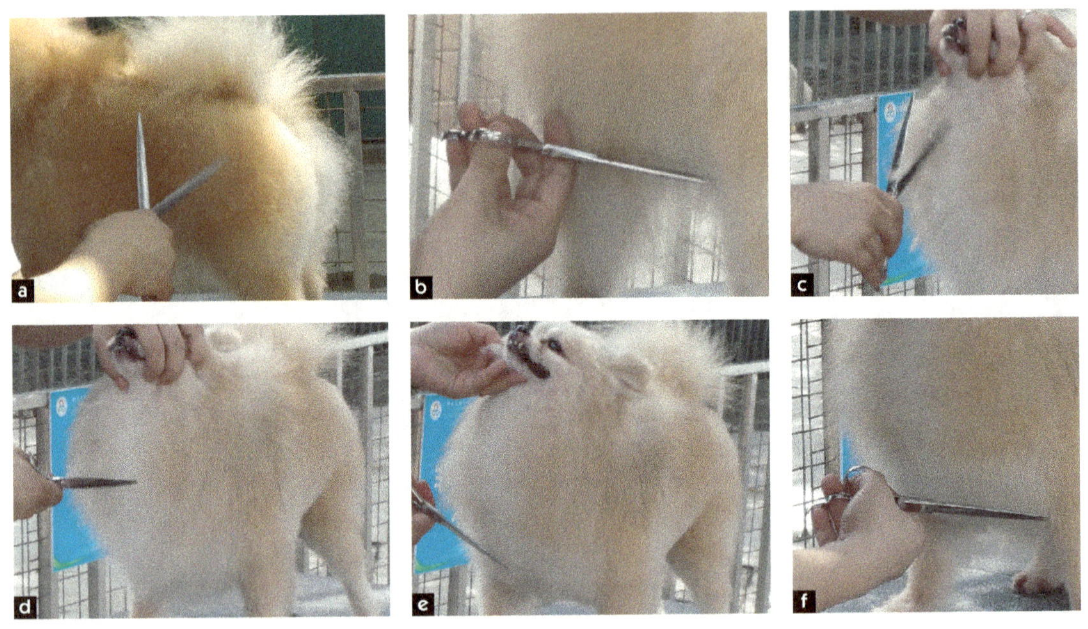

图 1-26

（17）前胸下部是第三个面——斜面（图 1-26e）。

（18）将前面三个面边在一起，剪到两前肢之间将杂毛剪干净（图 1-26f）。

（19）将前胸与外侧衔接在一起（图 1-27a）。

（20）将面与外侧的毛衔接在一起（图 1-27b）。

（21）修剪颈背线，从上往下修剪，剪到背线时留下两个手指宽的位置（图 1-27c）。

（22）留下的毛做半弧形衔接，将颈部与背部连接起来（图 1-27d）。

（23）耳朵以三刀法修剪成三角形（图 1-27e）。

（24）将所有杂毛与杂角打掉，使整体成圆形（图 1-27f）。

（25）尾巴先用牙剪打薄离尾根两指宽的地方（图 1-27g）。

（26）剩下的尾毛修成扇形（图 1-27h）。

（27）完成图（图 1-28）。

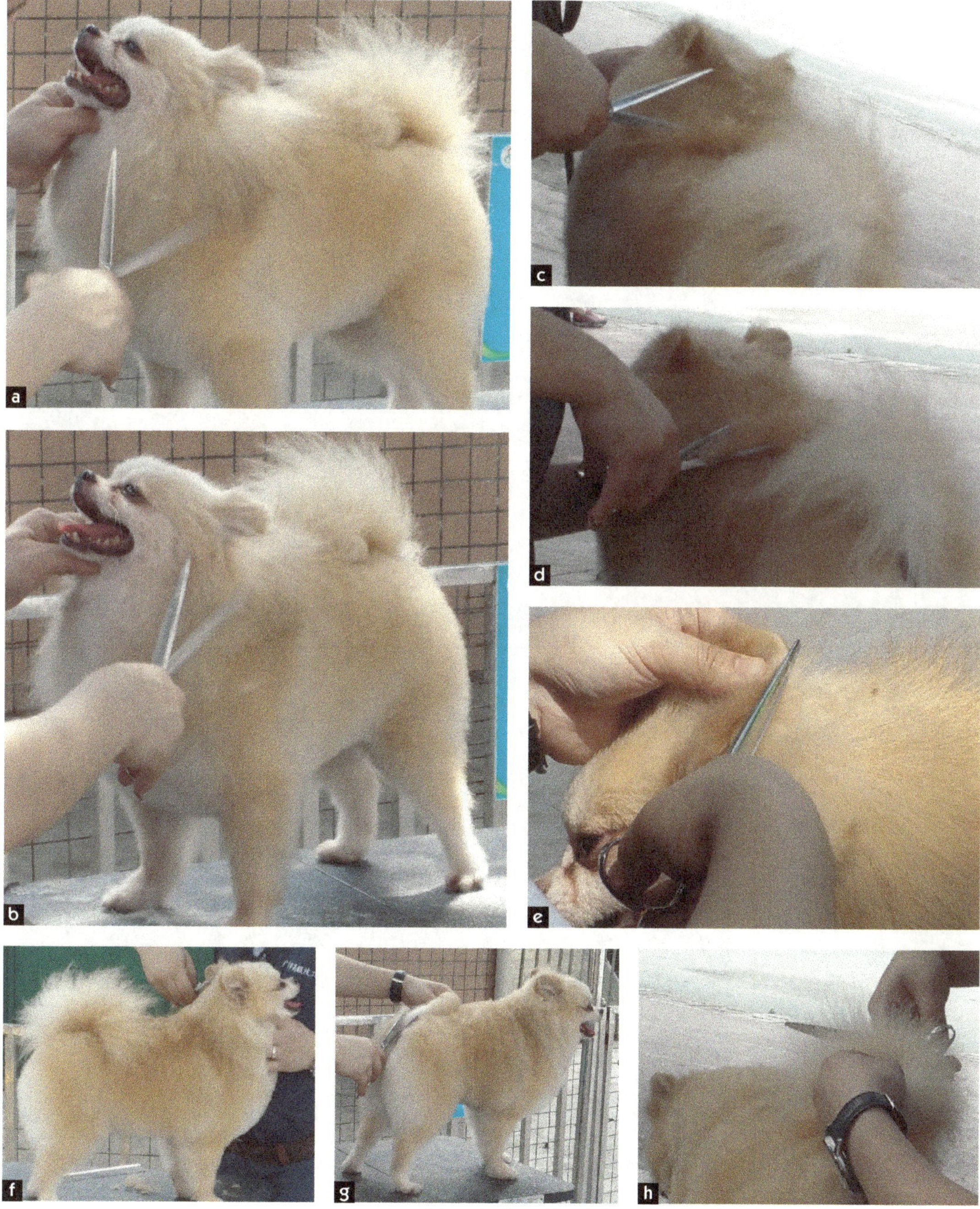

图 1-27

图 1-28

想一想 练一练

宠物皮毛是机体健康状况的直接表现，皮肤光滑、毛发浓密油亮意味着机体健康状态良好，反之皮毛晦涩、凌乱、脱毛往往是机体疾病的信号。哪些常见疾病会影响宠物皮毛的健康？

______

______

（六）评价与反馈

学习任务评价表

学习任务								
姓　名			小组名称		组长			
评价内容		评价标准		分值	得分			
					自评	组评	师评	
1	专业能力	① 获取信息、整理材料能力（配合小组长工作，积极查阅资料）		10				
		② 方案制订合理、安全操作（能对本人所负责填写的表格正确完成）		10				
		③ 根据组内同学各自的特点完成任务书的角色分配		10				
		④ 能完成总结		20				
		⑤ 成果展示解说能突出本组的特色		10				
		⑥ 对其他组的成果能提出有建设性的意见		10				
2	方法能力	工作方法综合表现（操作的规范与熟练程度）		10				
3	社会能力	团队合作、责任心、态度（专心进入角色扮演，能很好与同学沟通）		10				
4	个人能力	自我学习、创新、表现能力（检查、发现问题与解决问题能力）		10				
合　计				100				
总评（自评占 20%、组评占 30%、师评占 50%）				100				

教学任务学习反馈单

学习领域			总 学 时		
学习模块		学习任务		学　时	
姓　名		班　级			
1. 对该学习情境是否感兴趣?		A. 感兴趣　B. 一般　C. 没感觉　D. 其他			
2. 是否了解该学习情境的教学目标?		A. 清楚　B. 有点了解　C. 不知道　D. 其他			

续表

3. 该学习情境的学习任务内容是否丰富?	A. 丰富　B. 一般　C. 内容少　D. 其他
4. 该学习情境的难易程度是?	A. 难　B. 一般　C. 简单
5. 该学习情境课时足够吗?	A. 充足　B. 一般　C. 很少
6. 在该学习情境中，能让你获得成功的体验是:	A. 与其他学习方法相比，觉得自己进步了 B. 与其他同学相比，觉得自己进步了 C. 能学习到自己想学习的知识 D. 其他（　　　　）
7. 对该学习情境有什么意见和建议?	

【任务拓展】

一、洗浴后吹整梳理的方法、步骤

1. 毛巾吸水

宠物身上的洗毛液或护毛素冲洗干净后，可用吸水毛巾以“按压”的方式，将宠物身上的水分吸干。先吸干部分水分以缩短用吹水机吹毛的时间，这时宠物也会自己抖动身体以甩掉身上的水。

2. 吹毛

（1）调整冷热温度，建议以手放在吹风机前都不会觉得烫的距离（约 30cm）来帮宠物吹毛。此外，吹毛的地点须避免冷热温差过大。

（2）开始吹毛时，一只手拿着吹水机贴近宠物皮肤，逆着宠物毛发生长方向吹，另一只手扶着宠物。在宠物坐稳安定下来后，原来扶着宠物的手可以用梳子以逆毛的方向将宠物身上的毛梳开，边梳边吹。

如果想要节省时间，或是宠物容易乱动，很湿的毛发也可以边吹风边用手搓开，等七八分干之后，再用梳子梳开。吹毛的时候，大部分都是逆毛吹，只有耳朵（里外都是）和尾巴要顺毛吹，嘴巴位置则是前半端顺毛吹，后半端连接身体的部位要逆毛吹。

（3）在吹宠物头部毛发的时候，要用手固定宠物的头部。方法是掌心朝上，用大拇指、无名指和小拇指握住宠物的口鼻处。注意吹眼睛周围的时候要换上排梳，以防针梳刺伤宠物。

吹耳朵的时候，要注意用拇指按住宠物的耳孔，同时把吹水机的力度减小，以防直接吹到宠物的耳孔。宠物愿意配合的话，一定要适时的奖赏或鼓励它。

（4）在吹脚的时候，为了避免宠物乱动，可以用大拇指和食指握住宠物腿部的关节，然后微微抬起宠物的脚，一边用针梳梳一边吹。脚趾缝处虽然已经剃过毛但也要稍微吹干。

3. 拉毛

（1）让宠物自然躺好，未吹干的部位用毛巾覆盖，将松干部位露出，打开吹风机时首先要调节吹风机的温度与风速。

（2）调好温度、风速和电风筒距离后，首先选择柄梳，将欲吹干的毛发吹至七、八成干。

（3）拉直毛发时，最好使用刮刷工具。不要用刮刷盲目的梳毛，而是慢速地拉直毛发。

（4）彻底拉直一层，再继续拉下一层。

（5）在拉毛的过程中要养成反复检查的习惯，将吹过的毛重新扫一遍，如有遗漏，要趁毛发没有完全松干时及时拉直，如毛发完全松干，则拉直就不会有任何效果。

（6）吹耳部毛发时，将耳朵放在手心，用小指轻轻压住犬的耳根，避免风吹进耳洞。从耳根一端逐渐地向另一端拉直并松干毛发。

（7）将耳背部毛发松干后，不要忘记耳内侧毛发。吹耳部毛发时，一定注意耳廓部毛发因浓密往往被人忽视，不能将毛根部彻底松干。

二、洗浴后吹整梳理的注意事项

（1）吹整时，要分区域处理，宠物才不用转来转去。如果有打结的毛发，要先解开，再做吹梳的动作，否则宠物容易感到疼痛。

如果是长毛犬，不但要分区域吹干，还必须从头梳到尾；如果是短毛犬，不能用针梳，改用鬃梳或是直接用手梳开，以免针梳刷伤皮肤。短毛犬因为毛很密，有时反而不容易吹干，千万不要掉以轻心。

（2）贵宾犬和比熊犬一般不能用吹水机的强挡来直接将毛吹干，最好用中挡将毛发吹至五六成干，然后用电风筒热风拉毛吹干。

（3）要把宠物的毛彻底吹干，达到里外都干爽的效果，这样宠物才不容易患皮肤病。

（4）刚开始不要用冷风吹，一方面不容易干，另一方面毛发也比较不易蓬松。一般毛发全部都吹完，很蓬松了，这时才用冷风定型，使毛不会塌下来。

（5）吹毛时要注意速度，特别是冬天，要避免宠物着凉。

【思考与练习】

1. 直剪使用方法及注意事项?
2. 宠物口腔护理的方法、步骤?
3. 博美犬的美容造型方法?

任务3 雪纳瑞犬美容

【任务目标】

（1）通过与宠物主人和宠物的接触，学会与宠物主人和宠物的沟通方式、方法。

（2）通过给雪纳瑞犬进行造型，学会雪纳瑞犬的美容方法。

（3）通过给雪纳瑞犬进行修剪美容，学会相应的美容工具的使用方法。

【任务分析】

以3～5位同学一组，每组同学参考任务描述表合理分工，共同完成本任务，从而达到加强团队合作精神的培养。本次任务对象是雪纳瑞犬，属于㹴类犬的一种，个性敏捷、精力充沛，是人类的忠实伙伴。在美容时比较易于交流，能够给它修剪出展现本身特点的造型就是本次的任务的目的。要达到这样的目的，就要求我们首先要熟悉雪纳瑞犬的体型特点，根据它的体型特点做修剪造型。

任 务 书

学习领域	宠物美容与护理		总 学 时	120	
学习任务	宠物美容	分解任务	雪纳瑞犬美容	学 时	12
专业班级		小组名称			
任务目标	通过老师的讲授和视频的展示，让学生能说出雪纳瑞犬的美容步骤，再经过老师的操作展示和任务实施，让同学们学会雪纳瑞犬的美容方法。				
学生需填写任务单	1. 宠物美容信息收集表 2. 美容工具准备表 3. 工作任务评价单 4. 教学任务学习反馈单				
任务介绍	雪纳瑞犬属于㹴类犬，拔毛造型是它的一大特点，在美容前要根据自己小组的《宠物美容信息收集表》来选择适合的美容工具、材料，每一种工具、材料的大小型号和质地都要仔细地选择，填写好《美容工具准备表》，这样在造型修剪的过程中才能得心应手。 以一位学生扮演宠物主人，带一只雪纳瑞犬来做美容护理，根据宠物主人的要求完成整个美容护理过程。要完成这个过程要设定前台接待员1位、助理美容师2位、美容师1位，请每组成员按此岗位比例进行分工。				
姓 名	性 别	学 号	分配任务		

续表

姓　名	性　别	学　号	分配任务

【相关知识】

图 1-29

雪纳瑞犬属于㹴类犬的一种，起源于 15 世纪的德国，是唯一在㹴犬类中不含英国血统的品种。整体成正方体型、背短胸深、密生的双层毛质、有浓密的眉毛和嘴毛，可分为“标准雪纳瑞”“迷你雪纳瑞”和“巨型雪纳瑞”3 个品种。迷你型肩高 30～35cm，标准型肩高 45～50cm，巨型 65～70cm。标准型和巨型只有椒盐色和黑色，迷你型则多了银色，近期又培育出白色。早期需于适当时机断尾和剪耳，近期则允许自然垂耳形态（图 1-29）。

部分造型介绍：

雪纳瑞之基本造型——最常见的造型，通常大家所熟悉的标准造型很简单，只是将背部的毛发剃掉，留下四肢及裙脚，而头部只剩下白眉及胡子。短毛的部位尽量剪短，与长毛的部位形成强烈对比，清爽中散发着时尚感。保留腹部和四肢的毛发长度，看起来犹如穿上小洋裙，突显它的俏丽外形，在隆重的场合犹如优雅淑女，在户外活动则潇洒可人。

雪纳瑞犬之马鬃造型——此造型也是大众所熟悉和喜爱的造型之一，有人也称之为小毛驴造型，雪纳瑞犬的造型通常都是腹部留长毛，看起来像裙子，而脸上则留有胡子。它一定要剃背，否则毛太长会形成杂乱感。所以，将它的下巴毛发剪呈 V 字形，眼眉则斜剪呈尖形，而肩膀部位的毛发沿着毛剪齐，看起来有穿裙的模样。由于这个造型保留其脸部、腹部和四条腿的毛发有一定的长度，因此建议主人每天都要梳毛一次，一个月修剪一次以维持长度。

【任务实施】

一、流程

二、准备

（一）材料准备

排梳、针梳、推剪、刀头（7/7F、10 号）、沐浴液、护毛素、剪刀保养油、眼镜布、干棉花、止血钳、消毒药膏、拔毛刀、耳毛粉。

（二）其他准备

多媒体、无线网络、计算机、相关书籍。

三、实施

（一）布置任务

现在有一只雪纳瑞犬将在 3 个月后去参加犬展比赛，作为一个专业的美容师，你会怎样安排这次的美容造型护理。

想一想 练一练

给雪纳瑞犬拔毛的好处？

____

____

（二）制订计划

雪纳瑞犬美容的最大特点就是拔毛。因为拔毛可以保持雪纳瑞犬毛根的原始色泽。如果不给雪纳瑞犬拔毛，背毛的颜色就会日益变浅，甚至变成浅银白色。如果雪纳瑞犬准备参赛，就一定要拔毛，这是必需的美容护理。

（三）信息收集

当宠物主人来到宠物医院时，首先是要前台负责接待工作，咨询、记录好宠物主人和宠物的基本信息及宠物主人的要求。

宠物美容信息收集表

主人姓名			联系电话			日　期		
宠物品种		宠物昵称		宠物年龄		宠物性别		
洗　澡	Ⅰ级（一般冲洗、修甲）							
	Ⅱ级（Ⅰ级＋眼、耳、肛门腺清洁）							
	Ⅲ级（Ⅱ级＋脚底毛修理、牙齿清洁、毛发深度护理）							
	备注							
沐浴液选择	澳路雪	波波	丽丝	家朵	宠怡	顶尖	中彩	其他
造型修剪	Ⅰ级（修短、剪整齐）							
	Ⅱ级（赛级妆）							
	Ⅲ级（特殊造型、染色等）							
	备注							
宠物主人签名			前台签名					

想一想 练一练

如果不想拔毛，可以用电剪替代吗？

____

____

（四）材料准备

前台工作人员将信息收集记录完后，两名助理宠物美容师就要接上工作任务，其中 1 名助理宠物美容师根据《宠物美容信息收集表》将所需要的材料、工具总结归类，填写《美容工具准备表》准备工具和材料，另外 1 名助理宠物美容师负责保定好宠物。

美容工具准备表

工具名称	型号 / 品牌	数　量	工具名称	型号 / 品牌	数　量
圆柄梳	大		解结刀		
	中		解结膏		
	小		美容粉		
针梳			刀头清洁剂		
鬃毛刷	大		刀头冷凝剂		
	中		剪、刀头润滑剂		
齿梳	最阔（牧羊）				
	阔窄（粗细）		洗浴液	澳路雪	
	双层（长短）			波波	
	密齿（面梳）			丽丝	
	极密（蚤梳）			家朵	
	分界梳（挑骨）			宠怡	
剪刀	直剪			顶尖	
	弯剪			中彩	
	牙剪			其他	
拔毛刀	SS 细目刀（有刃）		洗眼液		
	S 中目刀（有刃）		趾甲锉		
	M 粗目刀（无刃）		趾甲刀		
耳毛粉			止血粉		
耳毛钳			美容工具包		
洗耳水			消炎耳油		
宠物主人签名			助理美容师签名		

想一想 练一练

狸类犬拔毛和剃毛有何区别？

____

____

（五）任务开展

1. 基础清洁

（1）刷理和梳理毛发，以免洗完澡梳不开。

（2）耳、眼的清理（将耳内塞紧棉花条，以免冲洗时耳朵进水）。

① 拔除耳毛，用专业护理液洗耳。

② 用棉棒清理耳内。

③ 清洁眼睛周围、滴眼药水。

（3）修剪趾甲。

（4）腹部毛、脚底毛、肛周毛修剪。

（5）洗澡。

（6）吹干并拉直毛发。

（7）再次清洁耳朵，防止多余水分留在耳道内引起宠物不适。

2. 造型修剪（拔毛造型）

1）拔毛刀使用介绍

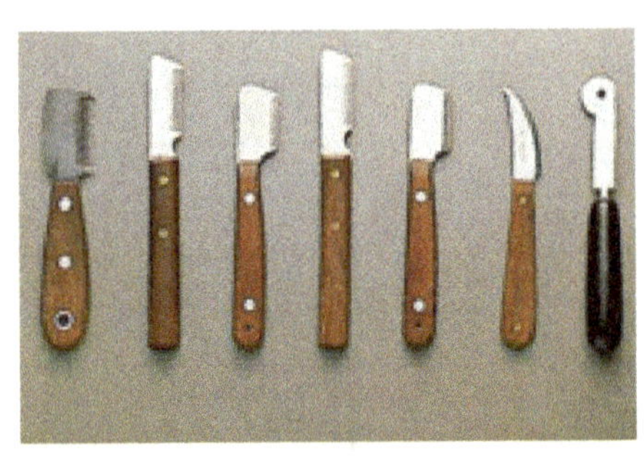

图 1-30

拔毛刀（图 1-30）又称梳理刀，㹴类犬身体的毛都是比较有层次感的，在早期人们培育出㹴类犬是要它们在野外灌木丛中以及地穴里完成抓捕猎物的工作。在那种恶劣的环境中，坚硬的被毛是对自身最好的保护。当然那时期的㹴类犬是通过与树枝灌木及岩石的摩擦剐蹭来完成被毛工作的（一年里它们会有两次换毛）。渐渐地人们发现了㹴类犬的这种现象，并且发现这种剐蹭可以令它们的被毛更加刚硬、纹理更清晰，甚至可以防尘防水。所以在美容工具上就出现了梳理刀来代替树枝灌木及岩石的摩擦剐蹭。

2）梳理刀的保养方法

（1）在日常维护保养中，要正确、合理使用，精心地维护保养，认真管理，切实加强使用前、使用过程中和使用后的检查。

（2）所有工具均应定位管理，工具存放应摆放整齐，擦拭干净，金属表面应涂上一层防锈油，放在专用的盒子里，保存在干燥的地方，以免生锈。

（3）刀口类工具使用时，应特别注意刀口的保护；根据修剪的位置选择合适的工具。

（4）使用工具前应把工具表面擦试干净，以免因有脏物存在而影响美容效果。

3）梳理刀的使用方法

（1）梳理刀手持姿势（图 1-31a）。用食指至小指的四根手指握住刀柄，肩、肘、指关节都不要用力，用手与腕自然的力量抓拢毛。大把抓拢犬毛时，拇指要戴上橡胶指套防滑。如图1-31b所示。

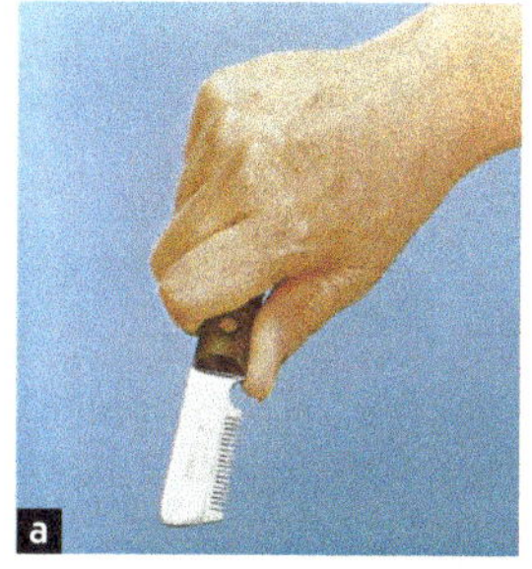

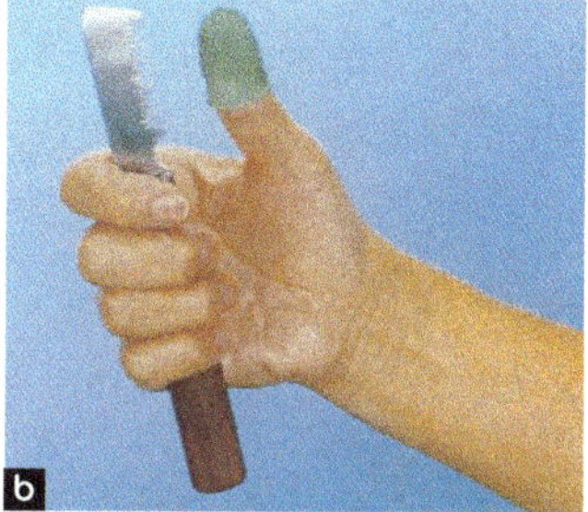

图 1-31

（2）梳理刀使用方法。

① 用左手逆向拨开被毛，使皮毛兴奋，用刀片与拇指尖的缝隙夹着犬毛，沿毛生长方向用力拔除犬毛，刀片与拇指距离决定去毛多少（图1-32a）。

② 拔毛时，对皮肤的刺激可引起局部出血、毛囊炎等症状（图1-32b），所以，运刀的手要始终与皮肤保持平行，要始终用同一个力，就像臂肘有绳子从后面拉着一样。不可将毛发缠绕手上用力向上拽，这样会损伤毛发。

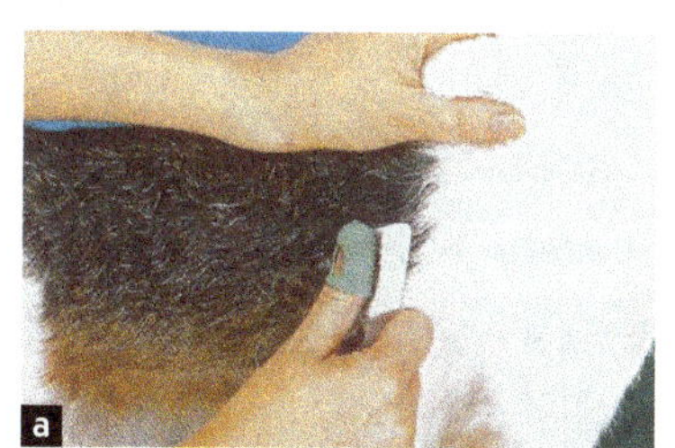

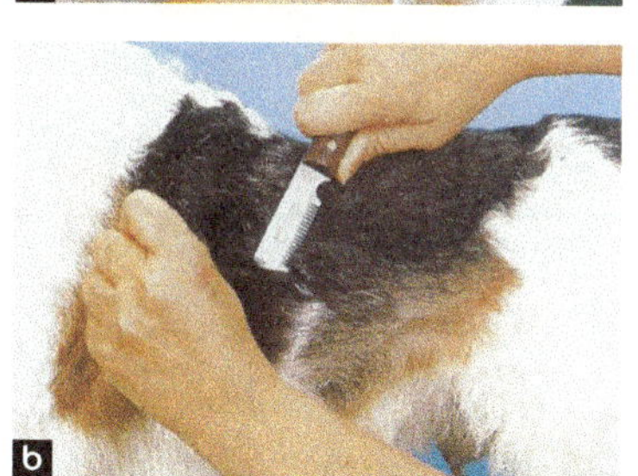

图 1-32

4）造型步骤

首先，人为的把约克夏犬的被毛划分为6个作业面（图1-33），分区域完成拔毛。

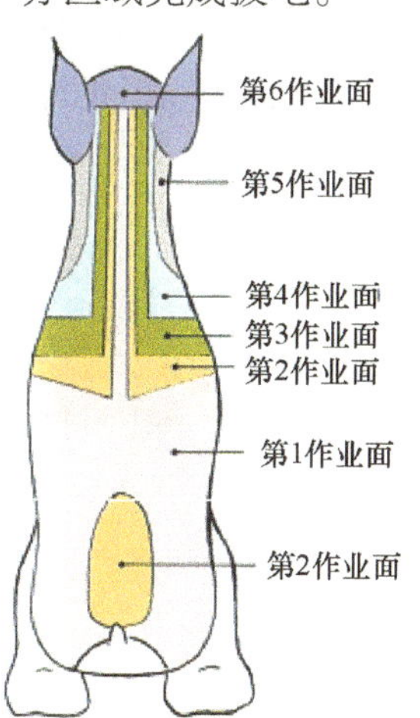

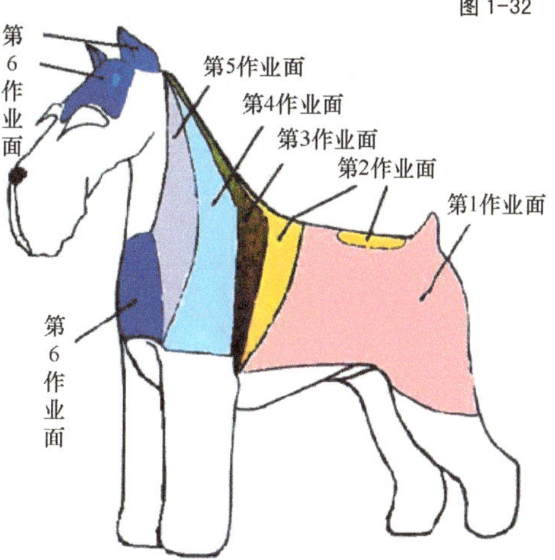

图 1-33

（1）第1作业面上，用梳子梳起少量的毛发靠在拔毛刀片上，左手抓住犬只被皮，右手紧捏住毛尾顺毛发生长的方向，用力连根拔掉。用同样的方法将此作业面上所有被毛拔掉，露出皮肤。第1作业面拔完的效果如图1-34a所示。在裸露的皮肤上涂上消毒药膏，并保持清洁。

（2）髂骨、尾骨附近的十字骨，要与尾巴成90°，拔除约两指宽的毛，尾巴上的毛也要拔掉（图1-34b）。

（3）隔一周后拔除第2作业面的被毛，如此类推。第2作业面为髂骨十字部与肩之间的毛层（图1-34c）。

（4）用食指和拇指及拔毛刀拔除杂毛。第3作业面的完成图如图1-34d所示。

（5）进入第4作业面，将肩部初步修剪成的圆形，上腕部从肘以下要留2cm的毛（图1-34e）。

（6）第5作业面的完成图如图1-34f所示，除头部、耳部及胸部，所有部位都已进行拔毛。

（7）第6作业面，拔除喉部至前胸上的白毛（图1-34g）。

（8）第6作业面的头部可由眼角至耳根的毛连接，然后拔除头骨部分的毛，眉要以眉骨为参考，将其上的毛拔除，鼻梁骨根部应为棱形（图1-34h）。

5）注意事项

（1）各作业面的拔毛间隔为7天，拔掉毛后的皮肤要涂上消毒药膏，拔毛后的皮肤护理至关重要，包括洗澡、洗毛、吹风、烘干、剪短装饰毛等。

（2）拔毛完成后4～5周，底部细绒毛长出，此时要耐心地将长出的底毛拔光，留下贴紧皮肤的粗毛，即想要的刚毛，此时拔毛步骤完成。

（3）处理完新长出的底毛后，刚毛将随后长出，此时不要清洗犬的被毛。普通的宠物浴液和水会破坏刚毛的硬度。因此，洗澡时只洗犬的脸部、四肢及腹部等部位。必须清洗时，只能使用㹴类专用的“刚毛”洗毛精。

想一想 练一练

需要拔毛造型的犬种有哪些？

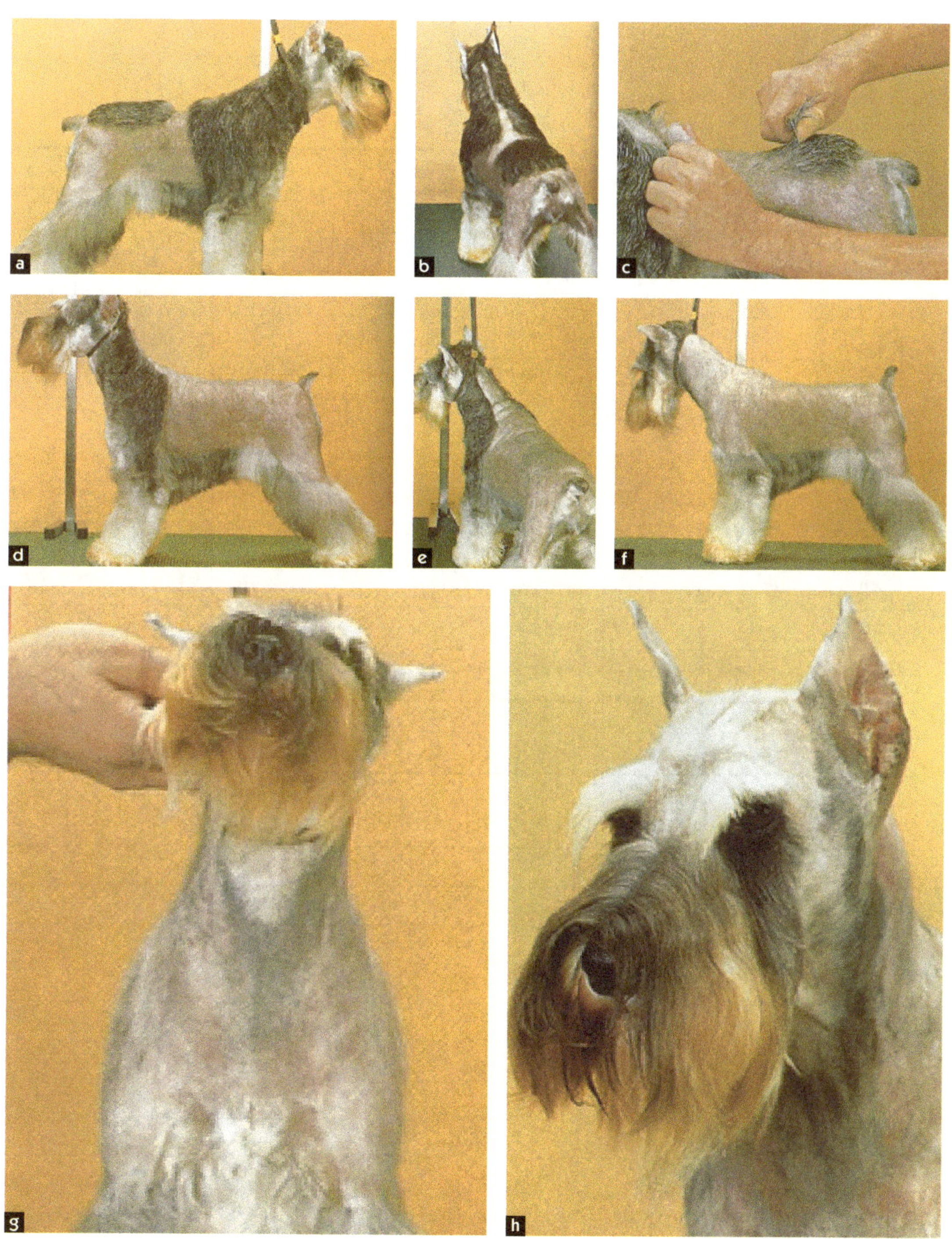

图 1-34

（六）评价与反馈

学习任务评价表

学习任务							
姓　名		小组名称			组长		
评价内容		评价标准	分值	得分			
				自评	组评	师评	
1	专业能力	① 获取信息、整理材料能力（配合小组长工作，积极查阅资料）	10				
		② 方案制订合理、安全操作（能对本人所负责填写的表格正确完成）	10				
		③ 根据组内同学各自的特点完成任务书的角色分配	10				
		④ 能完成总结	20				
		⑤ 成果展示解说能突出本组的特色	10				
		⑥ 对其他组的成果能提出有建设性的意见	10				
2	方法能力	工作方法综合表现（操作的规范与熟练程度）	10				
3	社会能力	团队合作、责任心、态度（专心进入角色扮演，能很好与同学沟通）	10				
4	个人能力	自我学习、创新、表现能力（检查、发现问题与解决问题能力）	10				
合　计			100				
总评（自评占20%、组评占30%、师评占50%）			100				

教学任务学习反馈单

学习领域			总 学 时			
学习模块		学习任务		学　时		
姓　名		班　级				
1. 对该学习情境是否感兴趣?	A. 感兴趣	B. 一般	C. 没感觉	D. 其他		
2. 是否了解该学习情境的教学目标?	A. 清楚	B. 有点了解	C. 不知道	D. 其他		
3. 该学习情境的学习任务内容是否丰富?	A. 丰富	B. 一般	C. 内容少	D. 其他		
4. 该学习情境的难易程度是?	A. 难	B. 一般	C. 简单			
5. 该学习情境课时足够吗?	A. 充足	B. 一般	C. 很少			
6. 在该学习情境中，能让你获得成功的体验是:	A. 与其他学习方法相比，觉得自己进步了 B. 与其他同学相比，觉得自己进步了 C. 能学习到自己想学习的知识 D. 其他（　　　　　　　　　　）					
7. 对该学习情境有什么意见和建议?						

【任务拓展】

㹴犬类拔毛小技巧：

（1）拔毛有诀窍，㹴犬类在美容上最大的特色莫过于拔毛，而拔毛的目的旨在保持毛根的原始色泽，一般饲主最大的忧虑，莫过于背毛颜色的日益变浅，甚至变成浅银白色（图1-35），而在狗展中雪纳瑞犬的背毛则必须以拔毛处理。

图1-35

（2）拔毛的面积应以犬种为标准，简单地说就是电剪剃的部分便是拔毛的区域，拔毛开始到完成为四周次，再加上八周背毛将长出粗硬的刚毛，长度达到比赛的标准长度。

（3）拔毛时，毛必须连根拔起，因为这样会刺激毛囊，而长出更粗的刚毛，左手在背上抓住背皮，可避免犬的抗拒。第一周只拔背线屈凹处；第二周则以头盖骨下端为起点，肩胛骨后扩大到腹部、背部、至大腿等处，而骨凸点部位须留下一周次拔掉，这样做可使背毛长齐后，背线更平滑流线；第三周则沿耳根往下拔至前脚；第四周则是拔掉剩余的颈部、头部。

（4）每次拔完毛后须洗干净，并且保持足部干净，因为此时犬的皮肤完全裸露，稍有不慎环境不洁或后脚搔抓动作均会造成皮肤受伤，更切忌和其他犬养在同一处，以免造成抓伤等严重问题。

任务4 贵宾犬美容

【任务目标】

（1）通过与宠物主人和宠物的接触，学会与宠物主人和宠物沟通的方式、方法。

（2）通过给贵宾犬进行造型，学会贵宾犬的美容方法。

（3）通过给贵宾犬进行修剪美容，学会相对应的美容工具的使用方法。

【任务分析】

以3～5位同学一组，每组同学参考任务描述表合理分工，共同完成本任务，从而达到加强团队合作精神的培养。本次任务对象是贵宾犬，它因表情丰富、外表美丽、造型多样、听觉敏锐、智商高、活泼、性情乖巧而成为优秀的伴侣犬。在美容时比较易于交流，能够给它修剪出展现本身特点的造型就是本次的任务的目的。要达到这样的目的，就要求我们首先要熟悉贵宾犬的体型特点，根据它的体型特点做修剪造型。

任 务 书

<table>
<tr><td>学习领域</td><td colspan="2">宠物美容与护理</td><td>总 学 时</td><td colspan="3">120</td></tr>
<tr><td>学习任务</td><td>宠物美容</td><td>分解任务</td><td colspan="2">贵宾犬美容</td><td>学 时</td><td>24</td></tr>
<tr><td>专业班级</td><td></td><td>小组名称</td><td colspan="4"></td></tr>
<tr><td>任务目标</td><td colspan="6">通过老师的讲授和视频的展示，让学生能说出贵宾犬的美容步骤，再经过老师的操作展示和任务实施，让同学们学会贵宾犬的美容方法。</td></tr>
<tr><td>学生需填写任务单</td><td colspan="6">1. 宠物美容信息收集表
2. 美容工具准备表
3. 工作任务评价单
4. 教学任务学习反馈单</td></tr>
<tr><td>任务介绍</td><td colspan="6">贵宾犬属于伴侣犬，造型百变是它的一大特点，在美容前要根据自己小组的《宠物美容信息收集表》来选择适合的美容工具、材料，每一种工具、材料的大小型号和质地都要仔细地选择，填写好《美容工具准备表》，这样在造型修剪的过程中才能得心应手。
以一位学生扮演宠物主人，带一只贵宾犬来做美容护理，根据宠物主人的要求完成整个美容护理过程。要完成这个过程要设定前台接待员1位、助理美容师2位、美容师1位，请每组成员按此岗位比例进行分工。</td></tr>
</table>

姓 名	性 别	学 号	分配任务

续表

姓　名	性　别	学　号	分配任务

【相关知识】

贵宾犬（Poodle）也称“贵妇犬”，又称“卷毛狗”，泰迪是贵宾犬的美容造型之一（图 1-36）。贵宾犬起源于德国，以擅长水中捕猎而著称，属于非常聪明且喜欢狩猎的犬种。多年以来，它一直被认为是法国的国犬，看起来特别可爱，给人一种活泼、聪明的印象，能带给人愉悦的心情。贵宾犬的类型主要区别在于体型上的差异，分为标准型（38～40cm）、迷你型（25～38cm）、玩具型（25cm 或以下）。

图 1-36

1. 贵宾犬之芭比型

不到一岁的贵宾犬可以按“幼犬型”修剪。脸、喉咙及脚和尾巴的毛需要剃掉。可以看见足爪上的毛被完全剃除，尾巴的末端有毛球。其他部分的被毛略作修剪，保留整洁的外观和流畅的轮廓线条即可。

2. 贵宾犬之运动型

脸上、足爪、喉咙、尾巴根处的毛发需要剃除，在头顶剪出一个帽子、在尾巴尖留一个毛球。身体其他部分则根据狗的身体轮廓修剪，留大约 2.5cm 长的毛发即可，腿上的毛发比身上的略长。

3. 贵宾犬之英国鞍座型

脸上、喉咙、脚、前腿和尾巴根处的毛发需要剃除，只在前脚腕部分留有手镯和尾巴根处留有毛球。后躯留着由短毛构成的“毛毯”，勾勒出曲线，其他毛发需要剃除，两条后腿的部分毛发剃除，在飞节和后膝关节处留有“绒球”。可以看见绒球以上部分和足爪的毛被全部剃除。身体其他部分的被毛都保留着，但必须照顾到整体外观的平衡。

【任务实施】

一、流程

二、准备

（一）材料准备

排梳、针梳、推剪、刀头（7/7F、10号）、沐浴液、剪刀保养油、眼镜布、干棉花、止血钳、消毒药膏、弯剪、直剪、牙剪、针式梳、耳毛粉。

（二）其他准备

多媒体、无线网络、计算机、相关书籍。

三、实施

（一）布置任务

现在有宠物主人带着一只贵宾犬前来做美容，主人要求要给该犬做一个运动妆造型，你会怎么做?

想一想 练一练

贵宾犬的体型、性格特点是什么?

____

____

（二）制订计划

贵宾犬美容的最大特点就是造型多样性。因为样子甜美，备受人们喜爱，一般户外活动都会随行。因为其毛发浓厚，容易弄脏，所以主人的要求最好是以容易打理、干净利落为特点的造型。而运动妆造型比较符合宠物主人的要求，作为本次任务的主要内容，前期工作先要完成基础美容工作。

（三）信息收集

当宠物主人来到宠物医院时，首先是要前台负责接待工作，咨询，记录好宠物主人和宠物的基本信息及宠物主人的要求。

宠物美容信息收集表

<table>
<tr><td>主人姓名</td><td colspan="3"></td><td>联系电话</td><td colspan="2"></td><td>日　期</td><td></td></tr>
<tr><td>宠物品种</td><td></td><td>宠物昵称</td><td></td><td>宠物年龄</td><td colspan="2"></td><td>宠物性别</td><td></td></tr>
<tr><td rowspan="4">洗　澡</td><td colspan="8">Ⅰ级（一般冲洗、修甲）</td></tr>
<tr><td colspan="8">Ⅱ级（Ⅰ级 + 眼、耳、肛门腺清洁）</td></tr>
<tr><td colspan="8">Ⅲ级（Ⅱ级 + 脚底毛修理、牙齿清洁、毛发深度护理）</td></tr>
<tr><td>备注</td><td colspan="7"></td></tr>
<tr><td rowspan="2">沐浴液选择</td><td>澳路雪</td><td>波波</td><td>丽丝</td><td>家朵</td><td>宠怡</td><td>顶尖</td><td>中彩</td><td>其他</td></tr>
<tr><td></td><td></td><td></td><td></td><td></td><td></td><td></td><td></td></tr>
<tr><td rowspan="4">造型修剪</td><td colspan="8">Ⅰ级（修短、剪整齐）</td></tr>
<tr><td colspan="8">Ⅱ级（赛级妆）</td></tr>
<tr><td colspan="8">Ⅲ级（特殊造型、染色等）</td></tr>
<tr><td>备注</td><td colspan="7"></td></tr>
<tr><td colspan="2">宠物主人签名</td><td colspan="3"></td><td colspan="2">前台签名</td><td colspan="2"></td></tr>
</table>

想一想 练一练

贵宾犬的腿部畸形美容时怎么矫正？

____

____

（四）材料准备

前台工作人员将信息收集记录完后，两名助理宠物美容师就要接上工作任务，其中1名助理宠物美容师根据《宠物美容信息收集表》将所需要的材料、工具总结归类，填写《美容工具准备表》准备工具和材料，另外 1 名助理宠物美容师负责保定好宠物。

美容工具准备表

工具名称	型号 / 品牌	数　量	工具名称	型号 / 品牌	数　量
圆柄梳	大		解结刀		
	中		解结膏		
	小		美容粉		
针梳			刀头清洁剂		
鬃毛刷	大		刀头冷凝剂		
	中		剪、刀头润滑剂		
齿梳	最阔（牧羊）				
	阔窄（粗细）		洗浴液	澳路雪	
	双层（长短）			波波	
	密齿（面梳）			丽丝	
	极密（蚤梳）			家朵	
	分界梳（挑骨）			宠怡	
剪刀	直剪			顶尖	
	弯剪			中彩	
	牙剪			其他	
拔毛刀	SS 细目刀（有刃）		洗眼液		
	S 中目刀（有刃）		趾甲锉		
	M 粗目刀（无刃）		趾甲刀		
耳毛粉			止血粉		
耳毛钳			美容工具包		
洗耳水			消炎耳油		
宠物主人签名			助理美容师签名		

想一想 练一练

身长腿短犬和身短腿长犬美容时怎么修整？

（五）任务开展

1. 基础清洁

（1）刷理和梳理毛发，以免洗完澡梳不开。

（2）耳、眼的清理（将耳内塞紧棉花条，以免冲洗时耳朵进水）。

① 拔除耳毛，用专业护理液洗耳。

② 用棉棒清理耳内。

③ 清洁眼睛周围、滴眼药水。

（3）修剪趾甲。

（4）腹部毛、脚底毛、肛周毛修剪。

（5）洗澡。

（6）吹干并拉直毛发。

（7）再次清洁耳朵，防止多余水分留在耳道内引起宠物不适。

2. 造型修剪（运动妆造型）

1）针式梳使用介绍

（1）针式梳手持姿势。以大拇指按压梳柄反面，其他手指按压梳柄下面（图 1–37a）。

（2）针式梳使用方法。

① 按着被毛生长的顺序，由头到尾，从上到下用梳子顺毛势梳毛，从颈部到肩部，然后梳四肢和尾部（图 1–37b）。

② 梳完一侧再梳另外一侧，梳理时，用梳子先顺着毛势梳掉表层污物，再用梳子来回摩擦，将毛层梳开以除去污物（图 1–37c）。

③ 对细绒毛缠结较严重的犬，应以梳顺着毛生长方向，从毛尖开始梳理，再梳到毛根部，一点一点地进行，不能用力梳拉，以免引起疼痛和拔掉被毛（图 1–37d）。

（3）保养方法。

① 用手轻轻除去附着在针式梳上的毛发和污渍。

② 必要时可以用水清洗，但要用柔软的绒布进行擦拭。

③ 放回工具盒或包里面放好，防止碰撞和摔落。

2）弯剪（图 1–38）使用介绍

（1）弯剪的作用。弯剪是一种特殊功用的剪刀，用于如贵宾犬的造型设计使用，因为这

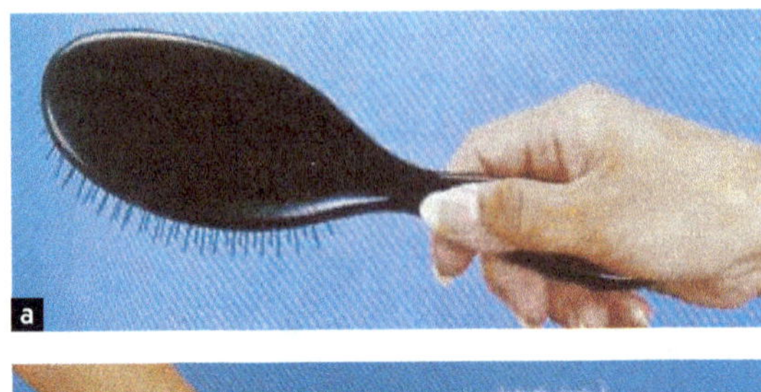

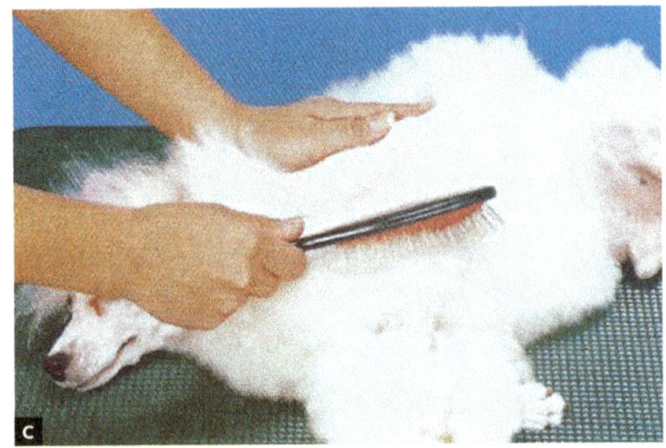
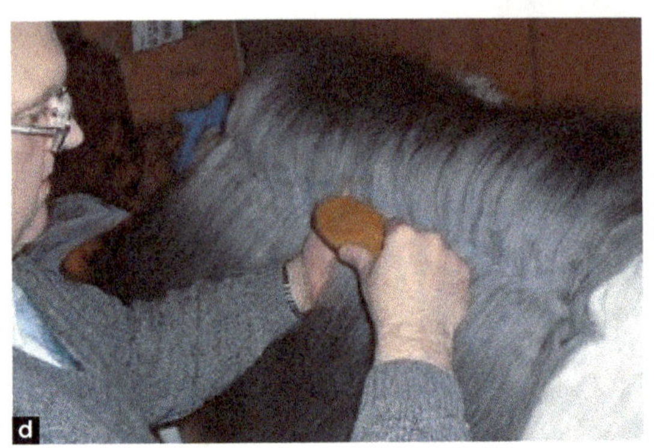

图 1-37

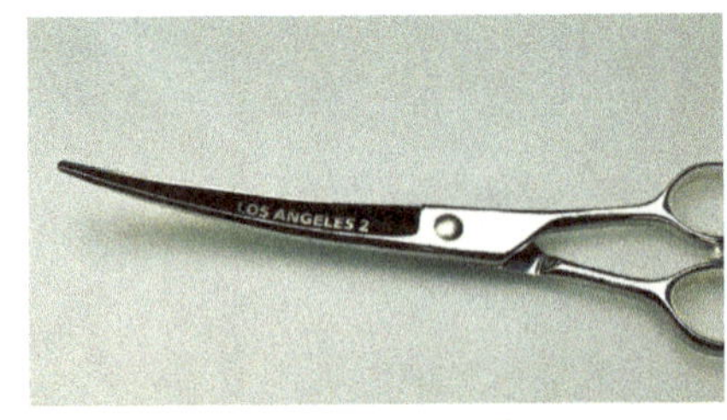

图 1-38

些犬种的尾部要剪成圆形，因此修剪时就要让毛显出弧度来。普通的剪刀是很难做到这点的，但弯剪的构造使其可以在此时派上用处。弯剪的刀口也相当锋利，而且密度要求要比直剪更高，因为它处理的是最细节部分的修剪。

（2）弯剪的使用方法。

① 手掌伸直，放松，剪刀套进手指内（图 1-39a）。

② 握住剪刀，拇指插入指孔，无名指插入食指孔，小指必须插入小指孔，这时，要注意拇指不要插入太深（图 1-39b）。

③ 使用剪刀时，尽可能打开刀呈 90°，只活动拇指，其他手指不动（图 1-39c）。

④ 剪刀保持直线握法才是正确（图 1-39d）。

⑤ 运剪练习，上 30，下 30，左 30，右 30，反复练习。

（3）弯剪的保养方法同直剪。

3）造型步骤

（1）面部造型：反手抓电推剪先从嘴开始推，再向面部推进（图 1-40a）。

（2）电推剪要平推，并将皮肤拉紧，否则会弄伤皮肤（图 1-40b）。

（3）两眼角与鼻梁之间形成一个倒“V”字型（图1-40c）。

（4）颈下要剃成“V”字型（图1-40d）。

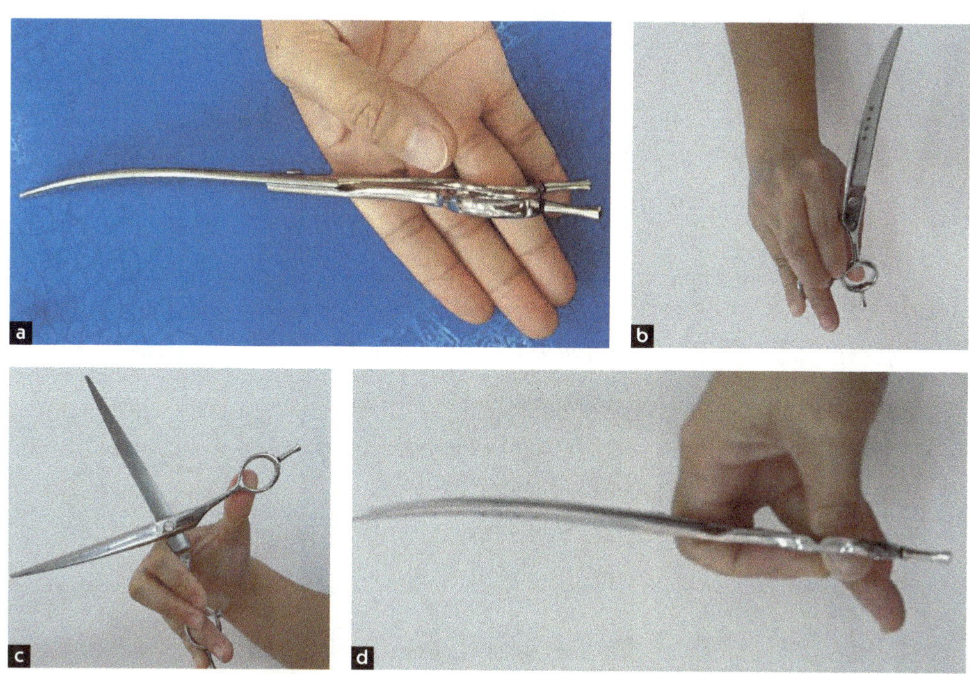

图1-39

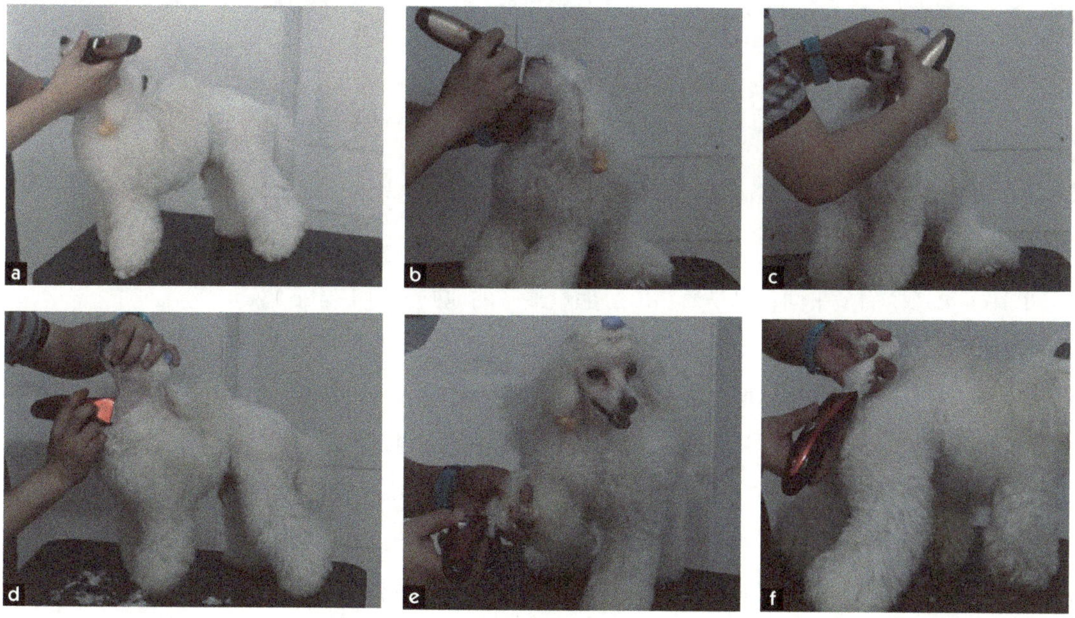

图1-40

（5）足剃到脚趾的第二趾骨，先从脚面再到脚缝，整只足围绕一圈完成（图 1-40e）。

（6）离尾根两指的位置要剃掉，尾背留一小倒“V”字型（图 1-40f）。

（7）四肢的末端剪成一个圆的平面（图 1-41a）。

（8）以 45° 角向内将四肢末端修圆（图 1-41b）。

（9）将尾根拉起，与背成 30° 角修剪臀部（图 1-41c）。

（10）背线先修剪从臀部往前 2/3 的部分，与地面平行从后往前运剪（图 1-41d）。

（11）从生殖器最低处至飞节形成一个斜面（图 1-41e）。

（12）从飞节至足做成一个 45° 角（图 1-41f）。

（13）将”V”领旁多余的毛剪掉（图 1-42a）。

（14）前胸分三个面来修剪，第一个是斜面（图 1-42b）。

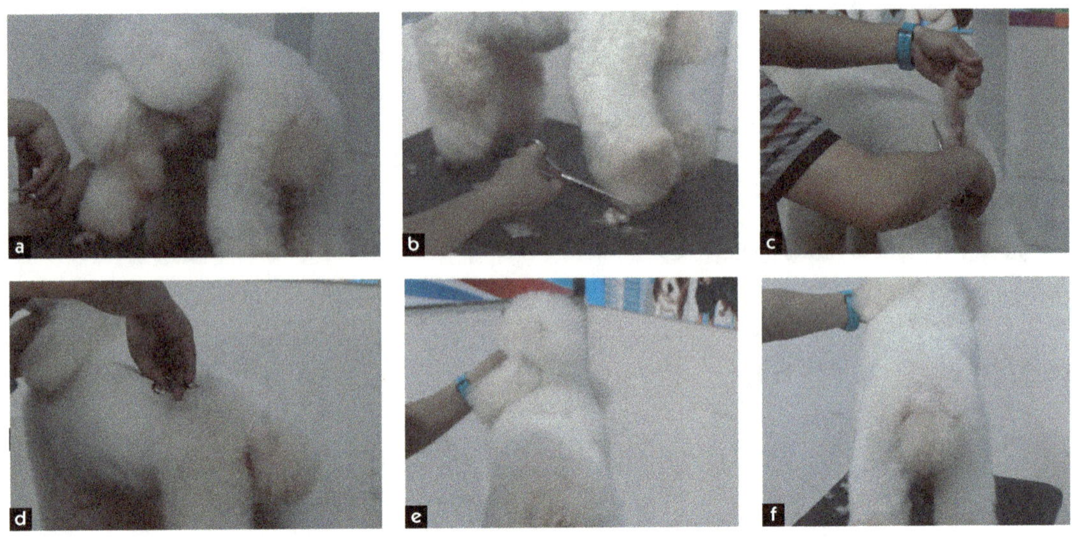

图 1-41

（15）第二个面是平面，也是最突出、毛量最多的地方（图 1-42c）。

（16）第三个面也是斜面，最下方与肘关节平行，最后将三个面衔接在一起（图 1-42d）。

（17）前肢的前侧是垂直地面往下剪（图 1-42e）。

（18）前肢的后侧修剪，将整个前肢形成圆柱状（图 1-42f）。

（19）下腹线以肘关节为起点形成一条水平线，修剪到腰的位置时，向内修整一下（图 1-43a）。

（20）从上往下运剪使大腿外侧形成一条斜线，从正后方看像“A”字型（图 1-43b）。

（21）头顶毛分一半往前梳，斜向内 45 度角修剪（图 1-43c）。

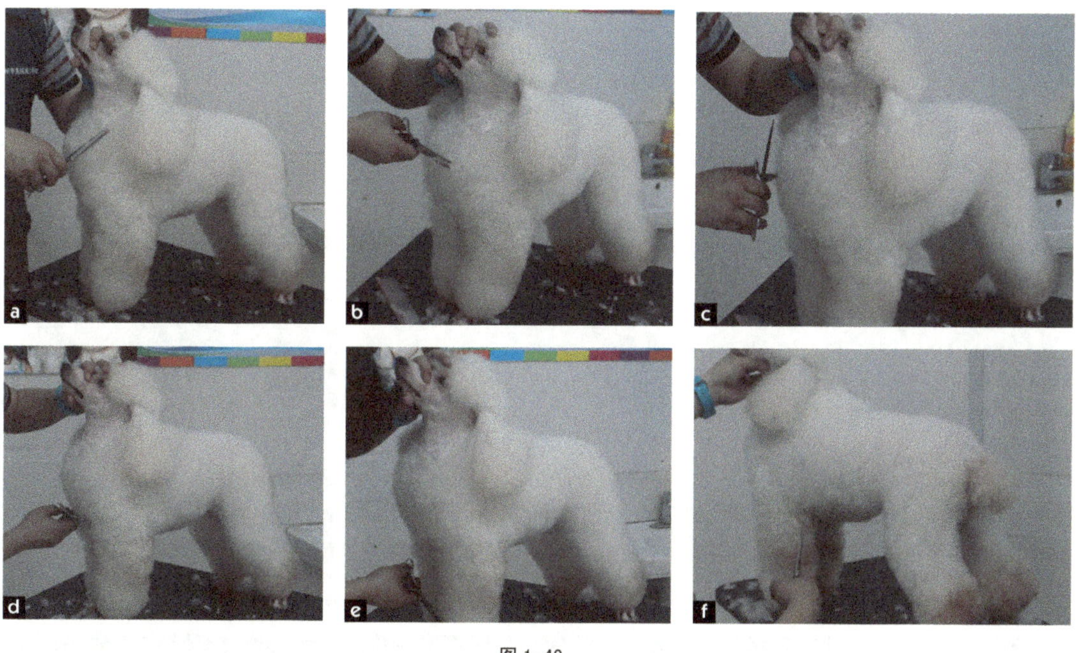

图 1-42

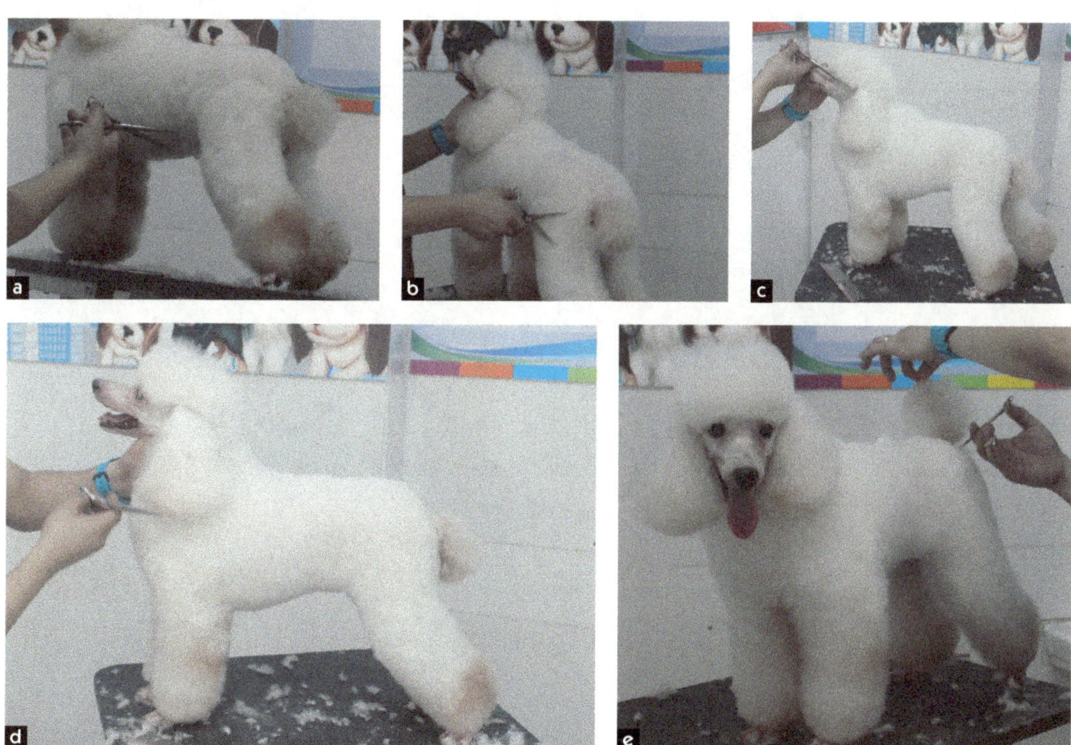

图 1-43

（22）耳朵修剪成一个贝壳的形状（图 1-43d）。

（23）尾巴先修剪底部形成半弧形，再将顶部拧成一股剪掉尖尖部分，再修剪尾巴中部（图 1-43e）。

（24）完成图（图 1-44）。

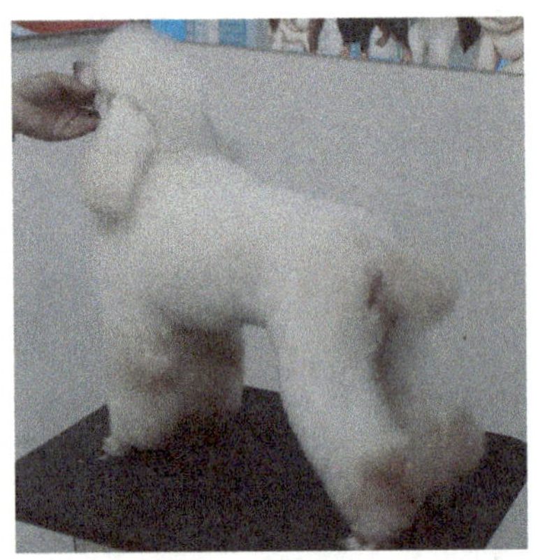
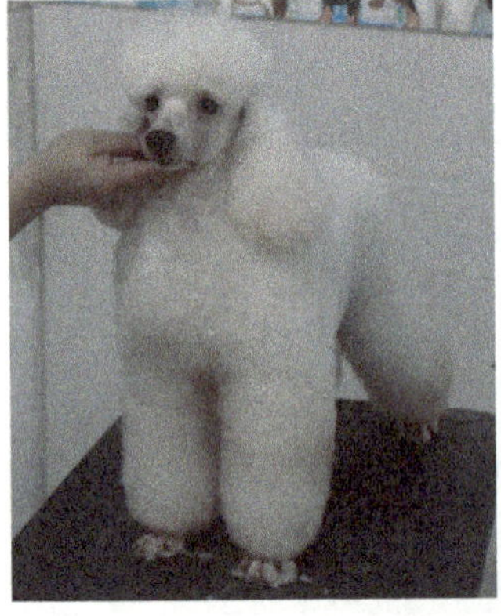
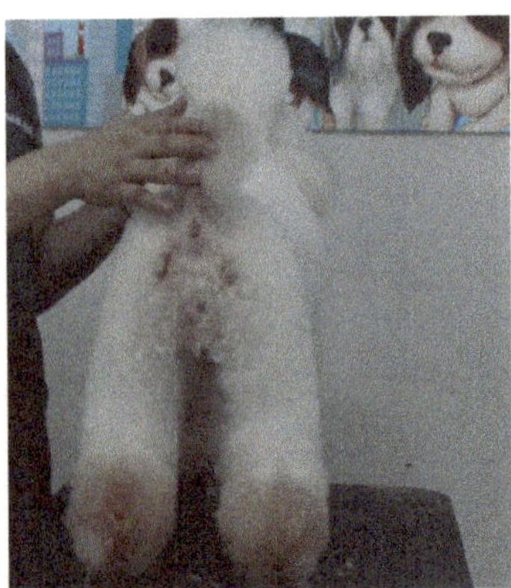
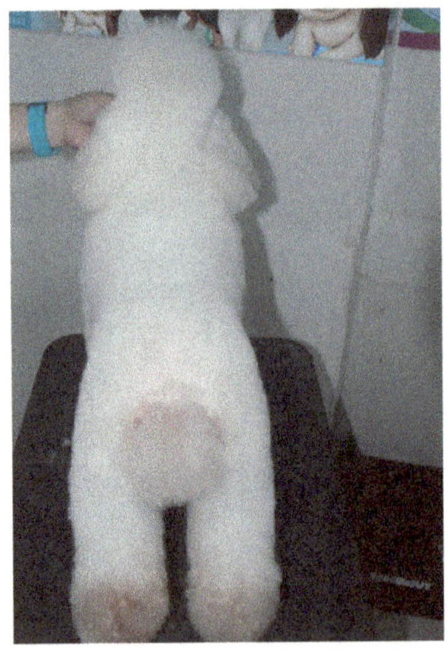
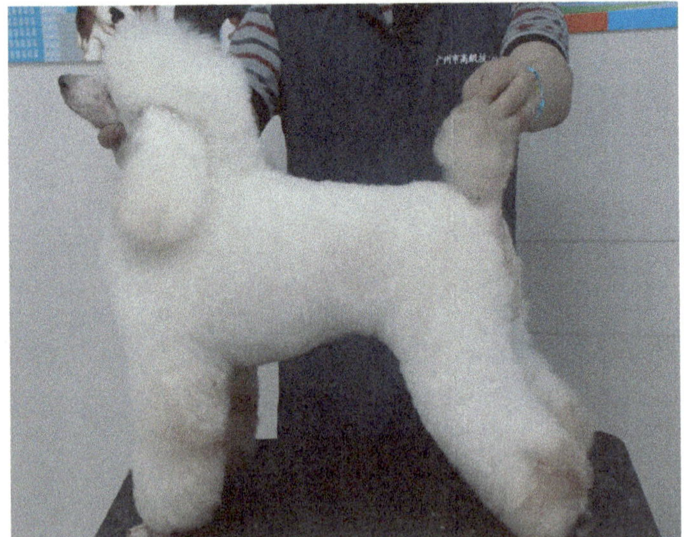

图 1-44

想一想 练一练

参赛贵宾犬的毛发该如何护理？

____

____

（六）评价与反馈

学习任务评价表

<table>
<tr><td colspan="2">学习任务</td><td colspan="6"></td></tr>
<tr><td colspan="2">姓　名</td><td>小组名称</td><td></td><td>组长</td><td colspan="3"></td></tr>
<tr><td colspan="2" rowspan="2">评价内容</td><td colspan="2" rowspan="2">评价标准</td><td rowspan="2">分值</td><td colspan="3">得分</td></tr>
<tr><td>自评</td><td>组评</td><td>师评</td></tr>
<tr><td rowspan="6">1</td><td rowspan="6">专业能力</td><td colspan="2">① 获取信息、整理材料能力（配合小组长工作，积极查阅资料）</td><td>10</td><td></td><td></td><td></td></tr>
<tr><td colspan="2">② 方案制订合理、安全操作（能对本人所负责填写的表格正确完成）</td><td>10</td><td></td><td></td><td></td></tr>
<tr><td colspan="2">③ 根据组内同学各自的特点完成任务书的角色分配</td><td>10</td><td></td><td></td><td></td></tr>
<tr><td colspan="2">④ 能完成总结</td><td>20</td><td></td><td></td><td></td></tr>
<tr><td colspan="2">⑤ 成果展示解说能突出本组的特色</td><td>10</td><td></td><td></td><td></td></tr>
<tr><td colspan="2">⑥ 对其他组的成果能提出有建设性的意见</td><td>10</td><td></td><td></td><td></td></tr>
<tr><td>2</td><td>方法能力</td><td colspan="2">工作方法综合表现（操作的规范与熟练程度）</td><td>10</td><td></td><td></td><td></td></tr>
<tr><td>3</td><td>社会能力</td><td colspan="2">团队合作、责任心、态度（专心进入角色扮演，能很好与同学沟通）</td><td>10</td><td></td><td></td><td></td></tr>
<tr><td>4</td><td>个人能力</td><td colspan="2">自我学习、创新、表现能力（检查、发现问题与解决问题能力）</td><td>10</td><td></td><td></td><td></td></tr>
<tr><td colspan="4">合　计</td><td>100</td><td></td><td></td><td></td></tr>
<tr><td colspan="4">总评（自评占 20%、组评占 30%、师评占 50%）</td><td>100</td><td colspan="3"></td></tr>
</table>

教学任务学习反馈单

<table>
<tr><td>学习领域</td><td colspan="2"></td><td>总 学 时</td><td colspan="2"></td></tr>
<tr><td>学习模块</td><td></td><td>学习任务</td><td></td><td>学　时</td><td></td></tr>
<tr><td>姓　名</td><td></td><td>班　级</td><td colspan="3"></td></tr>
<tr><td colspan="2">1. 对该学习情境是否感兴趣？</td><td colspan="4">A. 感兴趣　B. 一般　C. 没感觉　D. 其他</td></tr>
<tr><td colspan="2">2. 是否了解该学习情境的教学目标？</td><td colspan="4">A. 清楚　B. 有点了解　C. 不知道　D. 其他</td></tr>
<tr><td colspan="2">3. 该学习情境的学习任务内容是否丰富？</td><td colspan="4">A. 丰富　B. 一般　C. 内容少　D. 其他</td></tr>
<tr><td colspan="2">4. 该学习情境的难易程度是？</td><td colspan="4">A. 难　B. 一般　C. 简单</td></tr>
<tr><td colspan="2">5. 该学习情境课时足够吗？</td><td colspan="4">A. 充足　B. 一般　C. 很少</td></tr>
<tr><td colspan="2">6. 在该学习情境中，能让你获得成功的体验是：</td><td colspan="4">A. 与其他学习方法相比，觉得自己进步了
B. 与其他同学相比，觉得自己进步了
C. 能学习到自己想学习的知识
D. 其他（　　　　　　　　）</td></tr>
<tr><td colspan="2">7. 对该学习情境有什么意见和建议？</td><td colspan="4"></td></tr>
</table>

【任务拓展】

一、贵宾犬之欧洲大陆妆

贵宾犬最初是一种被毛厚密粗糙的水猎犬，用于渔业和狩猎（图 1-45）。渔民们为了让它们在水中游得更快，更适应水中的寻猎，便将它们身上的毛剃光。但是经过一段时间以后，人们发现，这样的修剪，虽然减少了游泳时的阻力，但是贵宾犬却非常容易被水里的岩石或者其他的障碍物刮伤。而且，因为水冷，对其身体造成了伤害，贵宾犬也变得厌恶下水工作。于是人们改变了修剪的方法，这种修剪方法奠定了欧洲大陆妆修剪的基础（可以看到背部两个球是保护肾脏的，俗称肾球，脚上有 4 个球是保护关节的，俗称脚球）。

图 1-45

二、修剪要点

面部、喉部、脚和前腿和尾巴根处的毛发需要剃除。犬的后躯大部分被毛需要剃除，只在臀部修剪成绒球状。修剪后，整个脚部和前腿关节处以上的部位都露了出来。前腿需要留有手镯、后腿需要留有绒球，腿上和足爪其余的毛发全部剃除，可以看见绒球以上部分和足爪的毛全部剃掉，尾巴尖留有毛球。身体其他部分的皮毛可以不用修剪，但为保持整体的平衡，可以适当修整。

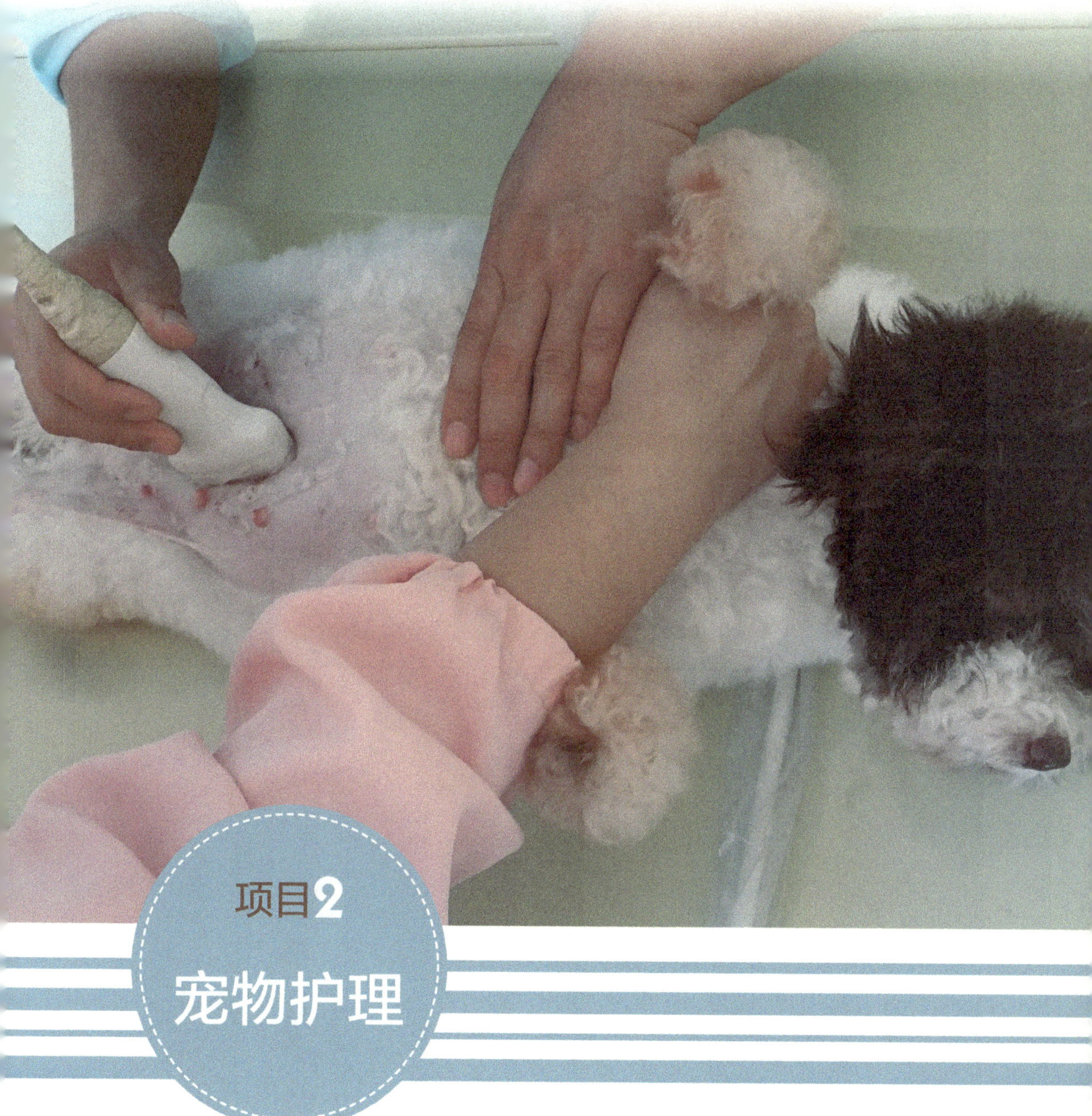

项目2

宠物护理

任务 1 幼龄宠物日常护理

【任务目标】

完成本学习任务后，你应当能做到以下几点：

（1）说出幼龄犬猫的行为及生理特点。

（2）保定宠物、测量宠物的体温、对宠物的生活场所进行消毒、识别宠物行为的异常。

（3）对正常的幼龄犬猫制订日常护理方案（包括营养、免疫、卫生防疫等）并实施。

【任务分析】

幼龄（保育）宠物是宠物生长过程中非常重要的一个阶段，宠物在此阶段有着其特有的生理和行为特点，并且此阶段的饲养护理对于整个宠物饲养护理阶段有着重要的承前启后的作用。要顺利完成幼龄宠物的护理任务，要解决以下问题：

（1）幼龄宠物是指哪个年龄段的宠物，它们的生理指标如何？

（2）幼龄宠物护理对于整个宠物的生长有何意义？

（3）幼龄宠物食品如何选用？

（4）保定幼龄宠物并测量其体温应该注意什么？

（5）幼龄宠物疫苗和驱虫药如何选用？

（6）护理的目标是什么？如何做到这些目标？

（7）如何判断幼龄宠物的健康状态？

【相关知识】

一、概念

幼犬又称保育犬，是指断奶后至性成熟前的小犬，一般是 45 日龄至 8 月龄的犬；幼猫又称保育猫，是指断奶后至性成熟前的小猫，一般是 40 日龄至 7 月龄的猫。

二、幼龄犬猫的生理特点

一般幼犬和幼猫的生理特点有所差异。

幼犬包括四个阶段：①断奶至 2 月龄，常表现不安和叫闹，此时消化系统仍不完善；② 3～4 月龄，生长速度很快，食欲旺盛；③ 5～6 月龄，此时期生长速度最快，在此时调教动物习惯可起到事半功倍的效果；④ 7～8 月龄，接近成犬。

幼猫生理特点：①整个幼龄阶段生长发育迅速；②开始养成固定生活习惯；③ 10～12 周龄的幼猫抵抗力较差。

三、断奶

常见的断奶方法有三种，包括强制性断奶法、分批断奶法、逐渐断奶法，大家可根据实际情况选用不同断奶方法。

（1）强制性断奶法：到断奶日期时，将幼崽和母犬（猫）一次性分开，让幼崽接触不到母犬（猫），从而实现断奶。

（2）分批断奶法：将体重大、发育好的较强幼崽及时断奶，而让弱仔留在母犬（猫）的身边延长哺乳期，以利于弱仔生长发育。

（3）逐渐断奶法：到断奶日龄前几天，逐渐减少母犬（猫）哺乳幼崽的次数，直至幼崽完全独立吃料。

四、幼龄犬猫的健康护理

幼犬的健康护理：①充足饮水［100～150ml/（kg·d）］和适量食物，食物采用专用食物；②合理运动，每天坚持犬只的户外活动 30～60min，第一阶段的幼犬以自由玩耍为主；③做好驱虫和免疫接种；④适当洗澡、梳理毛发和修剪趾甲；⑤环境消毒防疫。

幼猫的健康护理：①人猫交流，为以后更好相处奠定基础；②免疫接种和驱虫；③日常幼猫生活环境的消毒防疫；④不宜洗澡。

五、幼龄犬猫的护理方案

方案应该包括断奶、营养膳食、卫生清洁、免疫驱虫、环境防疫等方面。

【任务实施】

一、流程

二、准备

（一）材料准备：

幼龄宠物 15 只、驱虫药物、疫苗、排梳、针梳、指甲刀、沐浴液、洗眼液。

（二）其他准备：

多媒体、无线网络、电脑、相关书籍。

三、实施

（一）布置任务

沈小姐捡了一只小猫来到动物医院，希望医生为它制订一个检查、护理方案，处理好后可以将小猫带回家收养。

（二）制定计划

护理的目标是什么？如何做到这些目标？

目标：减少断奶应激，减少幼崽腹泻，让幼龄犬（猫）在整个幼龄期能健康快速成长。具体做法可参考以下两点。

(1) 制订简要方案记录幼龄犬(猫)刚出生的有关情况。

宠物幼龄犬(猫)情况登记表

品　种	活幼龄犬(猫)数量	弱 仔 数	需另外处理数	特殊情况说明

(2) 针对实际情况记录分析幼龄犬(猫)生理特点,制订初步护理方案。

护理方案表(犬)

生理时期及特点说明	方法和步骤	选用器械和药品
断奶		
断奶至 2 月龄		
3~4 月龄		
5~6 月龄		
7~8 月龄		
特殊情况处理		

护理方案表（猫）

<table>
<tr><th>生理情况记录</th><th>方法和步骤</th><th>选用器械和药品</th></tr>
<tr><td rowspan="4"></td><td>断奶：</td><td></td></tr>
<tr><td>免疫驱虫：</td><td></td></tr>
<tr><td>膳食：</td><td></td></tr>
<tr><td>环境防疫：</td><td></td></tr>
<tr><td colspan="3">特殊情况处理</td></tr>
<tr><td colspan="3"></td></tr>
</table>

（三）信息收集

分析以上表中记录的有关内容，执行有关护理方案，并在日常的饲养当中记录下表。学生也可以自我发挥，另行编制护理方案表。

（四）任务开展

实施护理方案，并将护理过程记录于下表中。

要点：①餐具选用；②给药操作；③消毒方法。

护理过程记录表

生理阶段	膳　　食	驱虫免疫	环境防疫	特殊情况说明及处理
断奶至2月龄				
3月龄				

续表

生理阶段	膳　食	驱虫免疫	环境防疫	特殊情况说明及处理
4 月龄				
5 月龄				
6 月龄				
7 月龄				
8 月龄（猫不需要）				

根据上表记录，适当调整饲养护理的有关程序或方法。

（五）评价反馈

学习任务评价表

学习任务							
姓　名		小组名称		组长			
评价内容		评价标准	分值	得分			
				自评	组评	师评	
1	专业能力	①获取信息、整理材料能力（配合小组长工作，积极查阅资料）	10				
		②方案制订合理、安全操作（能对本人所负责填写的表格正确完成）	10				
		③根据组内同学各自的特点完成任务书的角色分配	10				
		④能完成总结	20				
		⑤成果展示解说能突出本组的特色	10				
		⑥对其他组的成果能提出有建设性的意见	10				
2	方法能力	工作方法综合表现（操作的规范与熟练程度）	10				
3	社会能力	团队合作、责任心、态度（专心进入角色扮演，能很好与同学沟通）	10				
4	个人能力	自我学习、创新、表现能力（检查、发现问题与解决问题能力）	10				
合　计			100				
总评（自评占 20%、组评占 30%、师评占 50%）			100				
评语							

【任务拓展】

新环境的适应：

幼宠断奶后，即可分窝。这时的幼宠由依靠母乳到完全独立生活，生活环境发生很大变化，加之被抱养后，来到一个完全生疏的环境，原来的生活规律被打乱，因此，让其尽快地熟悉、适应新的环境，是很重要的一步。幼宠来到新的环境以后，常因惧怕面精神高度紧张，任何较大的声响和动作都可能使其受到惊吓，因此，要避免大声喧闹，更不能出于好奇而多人围观、戏弄。最好将其直接放入宠舍或在室内安排好休息的地方，适应一段时间后再接近它。接近幼宠的最好时机是喂食时，这时可一边将食物推到幼宠的眼前，一边用温和的口气对待它，也可温柔地抚摸其被毛。所喂的食物应是幼宠特别喜欢吃的东西。但它开始可能不吃，这时不必着急强迫，它适应后，会自动采食的。如果它走出犬（猫）舍或在室内自由走动，表示已初步适应了新环境。另外，饲养幼宠必须从一开始就要注意两件事：一是训练幼宠在固定地方睡觉，二是训练犬在固定地点大小便。幼宠一般经3～5天后就能完全适应新环境。在这期间，主人要友善对待，切记不可对它发脾气和打骂。如果幼宠按着主人的要求做了某种事情，要及时予以奖励，让它知道这是主人所喜欢的事情，如果做错了事，只要严肃地说声“不对”，它就会知道这是主人所不允许的事。在幼宠适应环境阶段，要防止逃跑。一旦发现幼宠行动诡秘，躲躲闪闪，不听招呼，有逃跑企图时，须立即制止，予以斥责。

【思考与练习】

幼龄宠物护理的注意事项？

任务 2 妊娠宠物日常护理

【任务目标】

完成本学习任务后，你应当能做到以下几点：

（1）运用两种以上方法对妊娠宠物进行验孕。

（2）说出妊娠宠物的生理和行为特点。

（3）为正常的妊娠犬猫制订护理方案（包括护理、产前准备等）并实施。

（4）对可能发生难产的初产犬猫制订护理方案（包括护理、产前准备等）并实施。

【任务分析】

宠物的妊娠期是宠物生长过程中一个非常重要阶段，宠物在此阶段不仅有着其特有的生理和行为特点，而且此阶段的饲养护理对于整个宠物饲养护理阶段有着不可替代的作用，妊娠宠物护理的效果，直接影响到宠物后期及出生幼崽的身体状况，如有不慎，甚至会出现流产。要顺利完成有关护理任务，需解决以下问题。

（1）宠物一般是多大才成年并交配妊娠？妊娠后它们的生理指标如何？

（2）妊娠宠物比起一般宠物外观、内在和行为有何不同？

（3）妊娠宠物的食品选用有何要求？

（4）妊娠宠物易患什么疾病？如何预防？

（5）妊娠宠物有何用药禁忌？

（6）护理的目标是什么？如何做到这些目标？

（7）如何判断妊娠宠物的健康状态？

【相关知识】

一、概述

犬（猫）经过配种后，若怀孕，则会经过 60 天左右的妊娠期（具体日期相差 3~5 天）。

处在妊娠期的犬（猫）由于身体和心理都较为敏感，故需要特殊护理。

二、妊娠宠物的特点

1. 母犬（猫）妊娠的检测

（1）外观观察法。妊娠宠物一般不再发情，变得安静，行动也会较原来小心谨慎。怀孕两周后能看到腹围鼓胀，乳头有明显突起。当母犬怀孕 20 天左右，子宫开始变得粗大，在腹壁触摸可以明显感知子宫直径变粗，但这需要有相当经验的人才能作出较正确的诊断。在配种后第四周用手触摸母犬腹部子宫所在位置，妊娠母犬可感觉到有如鸡蛋大小的胚胎（如摸到有鸡蛋大小、富有弹性的肉球）。触摸时用手在最后两对乳头上方的腹壁外前后滑动，切忌粗暴过分用力，以免造成流产（触摸时应注意与无弹性的粪块相区别）（图 2-1）。此法不适用于怀孕母猫。

（2）实验室检验——验尿、验血。怀孕后的宠物体内激素水平具有明显变化，其中检测耻骨松弛激素是作为判断宠物（犬猫）是否怀孕的一个重要标志。注意，由于宠物怀孕并不分泌人绒毛膜促性腺激素（HCG），故并不能通过用人类验孕棒的方式对其进行验孕。犬（猫）用验孕试剂盒如图 2-2 所示。

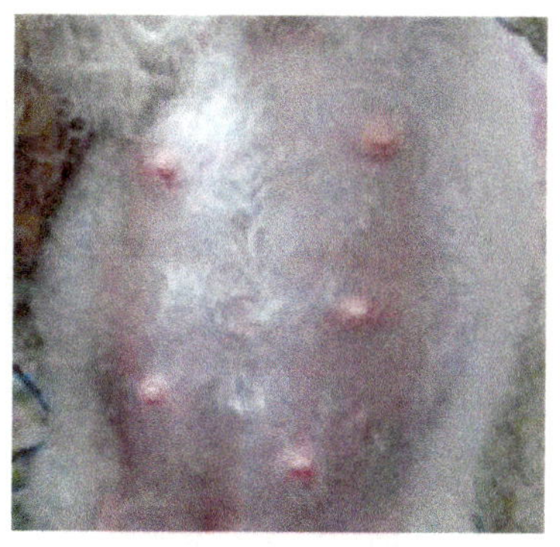
妊娠 30 天后的母犬腹围

图 2-1

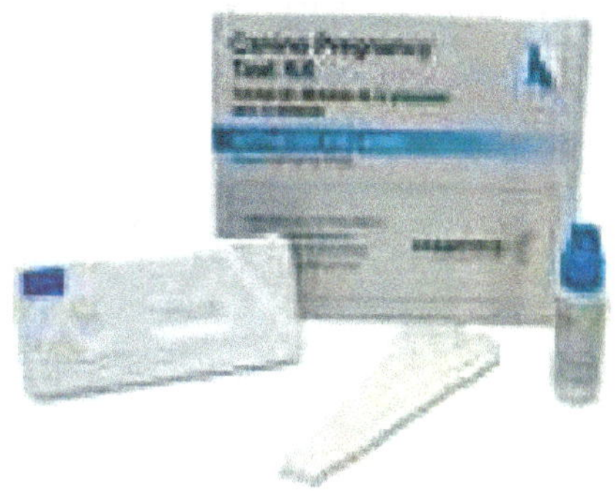
犬（猫）验孕试剂盒

图 2-2

（3）超声波（一般用 B 超）检测。

2. 妊娠宠物的生理特点

（1）妊娠母犬的生理特点。母犬交配 2~3 天后，阴唇急剧缩小的犬比继续发情的犬怀孕的可能性更大。受孕犬的阴唇缩小，并不像发情前的状态，妊娠后因血液循环加速，阴部会出现稍微出血的样子，此处的湿度也会比平时稍高，变得柔软且肥大，并有少量的黏液状分泌物流出。

母犬交配后 1 周左右，阴部开始收缩软瘪，可以看到少量黑褐色液体排出。怀孕 2～3 周时乳房开始逐渐增大，食欲大增，被毛光亮，性情温顺，行动迟缓、安稳、小心翼翼。妊娠 20～30 天时，孕犬乳腺突出，乳房胀大，乳头呈桃红色。

母犬妊娠的前半期（25 天左右），有时食欲不振，有的会出现偏食。有的母犬食欲会增加，但也有的犬会变得不正常，比如早上吃很多，晚上却毫无胃口，并有呕吐的情况发生。到后半期（一个月左右），母犬乳腺逐渐涨大，乳房下垂、乳头富有弹性，用手触摸有热感，甚至可以挤出乳汁，这是由于妊娠期乳腺活跃所致。此时下腹部也渐渐膨大，能感到较强的悸动，体重迅速增加，排尿次数增多。此时的母犬较妊娠前更容易疲劳，卧下时的动作也与平时有异，呈疲惫状，好像要倒下去一样。

50 天后在腹侧可见“胎动”，在腹壁用听诊器可听到胎犬心音。外部观察法的缺点是没有经验的繁殖者不能早期判断母犬是否怀孕，因为假孕的母犬也会出现上述很多类似妊娠的反应，而到了预定生产日期，呕吐等症状会全部消失，肚皮也像泄了气的皮球一样，令人大失所望。

就外部的变化来说，还可以用测量体重或者胸围的方法来确定怀孕，从交配前开始，坚持定时测量。定时是指测量要定于每天或隔天的同一时刻，如每天下午 5 点，在犬运动和排泄过后，晚餐进食、喝水之前，在同一时刻、同样情况下测量体重。如果已经怀孕，那么它体重肯定会逐日增加。测量胸围也是同理，在交配前先记录下胸围大小，交配后跟测量体重的同一时间测量胸围，注意要确定测量的位置，固定在第几根肋骨处测定。

（2）妊娠母猫的生理特点。母猫交配后 3 周，可检查妊娠预兆，猫交配后有 90% 的怀孕概率。怀孕期为 63 天，但一般认为在 56～65 天。交配 3 周后，猫的乳头膨胀，呈粉红色，这是怀孕的最初征兆。猫很少会呕吐，不过，交配后 4～17 天时会出现轻度呕吐，对食物的喜好也有所变化，基本上持续两三天。交配四五周后，肚子稍微隆起。肚子的大小因胎儿数而异。这个时期猫极易流产，所以不要乱摸其肚子。短毛的品种，由于荷尔蒙的作用，毛色很有光泽。7 周后，母猫肚子更为明显，乳腺张开，体重比平常增加 1～1.5kg，动作也稍显迟钝。

三、妊娠宠物的护理要点

1. 卫生防疫

环境卫生方面，妊娠期的宠物必须保证其生活环境的卫生，做好定期消毒，保证宠物窝的通风、安静、光线充足（猫则需要较为昏暗的环境）等。身体卫生方面，妊娠母猫一般不建议经常洗澡，而母犬可改为每两周一次（视具体情况而定），特别在分娩前一周，禁止洗澡。在给母犬洗澡时，不能用梳刷刷洗母犬腹部，临产前建议用温水清洗母犬乳头，但动作要温柔。另外，最好每天给宠物梳理毛发，梳理过程必须轻柔，确保宠物腹部不受挤压。

防疫方面，妊娠宠物应该在兽医指导下进行定时的驱虫；疫苗方面一般不建议注射，如实在有需要则需到动物医院咨询兽医。

2. 营养方面

妊娠宠物由于胎儿发育需要，在营养方面有其特殊性，一般怀孕两周前对其营养不作调整，两周后逐渐增加蛋白质和能量的摄入，同时增加运动。怀孕后期，也就是临产前一个星期左右，应当适当降低其食品的能量和蛋白质，这主要是为以后分娩提供便利。

四、宠物分娩

对于大部分宠物来说，分娩都是由动物自身完成，不需要人去帮助。只有在宠物难产的时候才需助产。大多数宠物都无需人为帮助，能自然地产出幼仔，并能自行咬破并吃掉胎膜，咬断脐带，舔净幼崽身上的黏液。但有些品种的宠物，特别是某些犬种生育能力较差，甚至需要剖宫产；少数宠物产到第 3 个胎儿后，因气力不足，无法自行处理幼崽，需要宠物主人给予适当的接产帮助或其他的照顾，这在犬中尤为常见，下面就以犬为例说明有关措施，包括：

（1）撕破胎膜。仔犬产出后，立即将胎膜撕开，并擦净仔犬身上及口、鼻的黏液。

（2）断脐。先将脐带的血液向仔犬腹部方向挤压，然后在肚脐根部用线结扎，在离肚脐 2cm 处把脐带捏断或剪断，断端用 2% 碘酊消毒，并适当止血。

（3）假死的抢救。刚出生的仔犬，由于鼻腔被黏液堵塞或羊水进入呼吸道，常造成窒息、假死。此时必须进行人工救助，立即将仔犬两后腿倒提起来头朝下，把羊水排出，然后擦干口、鼻内及身上的黏液。也可施行人工呼吸，即有节律地按压胸壁或令仔犬仰卧使两前腿前后摆动。最后把仔犬轻轻地放到母犬乳头附近，让仔犬吃奶。

（4）编号。在分娩过程中，按仔犬出生顺序编号，并作明显标记。

（5）称重和登记。仔犬出生后，要在 12h 以内称重，并做好登记。

猫一般不提倡人工接产，因为这会让猫产生挪窝，甚至咬死幼崽的现象。

【任务实施】

一、流程

二、准备

（一）材料准备

宠物用验孕试剂盒、血液分析仪、尿常规检测仪、超声波检测仪；量尺；妊娠母宠 15 只。

（二）其他准备

多媒体、无线网络、电脑、相关书籍。

三、实施

（一）布置任务

小明有一只 3 岁的贵宾犬，已经配种 3 周，而他最近又想外出活动，正在犹豫是否带上狗或者取消活动留在家里照顾它。请你制订一个方案，此方案要包括确定宠物目前情况，并根据结果给主人提供处理方案，如怀孕的处理办法和不怀孕的处理办法。

理论课部分已经提出三种方法：① 外观观察法；② 实验室检验；③ 仪器检查。这些方法一般在动物交配三周后运用。

（二）制订计划

根据检测结果，若不怀孕，建议可以带其一同外出；若为怀孕则必须进行护理，不建议带动物长时间外出玩耍，建议留在家中待产。接下来为小明制订护理方案。

护理的目标是什么？如何做到这些目标？

目标：减少妊娠宠物应激，确保动物整个妊娠期高质量度过并不出现流产现象。具体做法应该参照根据实际情况制订的妊娠护理方案表（若为猫则可参考下表按三段式制订）。

（三）信息收集

检查宠物有关情况并记录于下表。

妊娠宠物情况登记表

<table>
<tr><td>品　种</td><td>配种日期</td><td>预 产 期</td><td>胎数及难产史</td><td>检查日期</td><td>特殊情况记录</td></tr>
<tr><td></td><td></td><td></td><td></td><td></td><td></td></tr>
<tr><td colspan="2">外观观察</td><td colspan="2">实验室检验</td><td colspan="2">仪器检查</td></tr>
<tr><td colspan="2"></td><td colspan="2"></td><td colspan="2"></td></tr>
<tr><td colspan="2">结果判定</td><td colspan="2">怀孕</td><td colspan="2">没怀孕</td></tr>
</table>

护理方案表

生理阶段	特点描述	卫生护理	营养安排	运动安排	特殊情况说明
交配至第 10 天					
第 10~30 天					
第 20~40 天					
第 40~55 天					
第 56 天犬分娩					

（四）任务开展

1. 注意事项

（1）卫生护理过程必须注意妊娠宠物不受伤害。

（2）使用药物必须规范。

（3）使用剪刀等工具必须规范。

2. 任务方案开展

学习任务评价表

<table>
<tr><td colspan="2">学习任务</td><td colspan="6"></td></tr>
<tr><td colspan="2">姓　名</td><td></td><td>小组名称</td><td></td><td>组长</td><td colspan="2"></td></tr>
<tr><td colspan="2" rowspan="2">评价内容</td><td colspan="2" rowspan="2">评价标准</td><td rowspan="2">分值</td><td colspan="3">得分</td></tr>
<tr><td>自评</td><td>组评</td><td>师评</td></tr>
<tr><td rowspan="6">1</td><td rowspan="6">专业能力</td><td colspan="2">① 获取信息、整理材料能力（配合小组长工作，积极查阅资料）</td><td>10</td><td></td><td></td><td></td></tr>
<tr><td colspan="2">② 方案制订合理、安全操作（能对本人所负责填写的表格正确完成）</td><td>10</td><td></td><td></td><td></td></tr>
<tr><td colspan="2">③ 根据组内同学各自的特点完成任务书的角色分配</td><td>10</td><td></td><td></td><td></td></tr>
<tr><td colspan="2">④ 能完成总结</td><td>20</td><td></td><td></td><td></td></tr>
<tr><td colspan="2">⑤ 成果展示解说能突出本组的特色</td><td>10</td><td></td><td></td><td></td></tr>
<tr><td colspan="2">⑥ 对其他组的成果能提出有建设性的意见</td><td>10</td><td></td><td></td><td></td></tr>
<tr><td>2</td><td>方法能力</td><td colspan="2">工作方法综合表现（操作的规范与熟练程度）</td><td>10</td><td></td><td></td><td></td></tr>
<tr><td>3</td><td>社会能力</td><td colspan="2">团队合作、责任心、态度（专心进入角色扮演，能很好与同学沟通）</td><td>10</td><td></td><td></td><td></td></tr>
<tr><td>4</td><td>个人能力</td><td colspan="2">自我学习、创新、表现能力（检查、发现问题与解决问题能力）</td><td>10</td><td></td><td></td><td></td></tr>
<tr><td colspan="4">合　计</td><td>100</td><td></td><td></td><td></td></tr>
<tr><td colspan="4">总评（自评占 20%、组评占 30%、师评占 50%）</td><td>100</td><td colspan="3"></td></tr>
<tr><td colspan="2">评语</td><td colspan="6"></td></tr>
</table>

【任务拓展】

怀孕母宠维持运动对分娩有帮助，散步就是相当不错的运动，但在怀孕末期散步时间需缩短，因为爱宠妈妈可是很容易疲惫的，特别是胎儿数量多的时候，太激烈的运动并不适合，增加腹部创伤的危险及胎儿的紧迫。饮食方面，许多宠主习惯于怀孕初期即开始大量喂食爱宠，但这其实是不必要的，怀孕的前六周，除了平常喂食的成年宠物食品并不需要额外增加能量含量。怀孕最后1/3阶段（六周后）由于胎儿快速成长，最好缓慢的增加热量的摄取至原来的1.5倍，市面上为怀孕母宠及幼宠调配的配方即是不错的选择。六周后由于子宫膨胀，胎儿占据腹腔的空间，母宠可能无法一次吃下很多的食物，最好少量多餐（一天4～6次）以减少胃肠不适，随时准备一碗干净的饮水则是必需的。

【思考与练习】

1. 对于有流产史的宠物，妊娠时应注意什么？
2. 对于妊娠宠物来说，哪些日常使用的食品药品不能用？

任务3 产后宠物日常护理

【任务目标】

完成本学习任务后，你应当能做到以下几点：

（1）对产后犬猫及其幼崽生理和行为特点进行描述。

（2）从日常护理中预防产后的常见疾病。

（3）制订产后犬猫及其幼崽的护理方案（包括营养、防疫等）并实施。

【任务分析】

本任务应该是与任务“哺乳期宠物的护理”同时进行。犬猫（特别是剖宫产的犬猫）产后因机体消耗过大，生理机能处于较低状态，故易出现问题。而刚出生的宠物幼崽，由于身体机能不完善，应变能力较差，也比较容易死亡。本任务主要是通过记录产后宠物及其幼崽的实际状况，制订包括卫生防疫、营养膳食的护理方案，使饲养者能有针对性的对动物进行饲养护理。

具体首先对产后宠物的实际状况进行记录、描述、总结，然后根据有关内容制定护理方案，并在课堂学习中实施其护理要点。

本任务实施需解决以下问题。

（1）产后母犬（猫）及其幼崽的生理特点及有关参数。

（2）产后宠物（包括其幼崽）为什么容易死亡?

（3）产后宠物的食品选用有何要求?

（4）产后宠物（包括其幼崽）有何用药禁忌?能注射疫苗吗?

（5）护理的目标是什么?如何做到这些目标?

（6）如何判断产后宠物（包括其幼崽）的健康状态?

【知识平台】

一、生理期划分

出生后的犬猫生理划分：

仔犬：0～45 日龄；幼犬：45 日龄至 8 月龄；老龄犬：7 岁以上。

仔猫：0～40 日龄；幼猫：40 日龄至 7 月龄；老龄猫：8 岁以上。

二、产后宠物生理及行为特点

（1）身体极度虚弱，各系统机能处于较低状态。

（2）一般需要 4～5 天恢复期（视品种而定）。

（3）产奶具有规律性。

三、产后幼崽的行为及生理特点

1. 行为特点

（1）闭眼（两周前）、无法正常站立。

（2）扎堆，寻找温暖之地。

（3）有时发出微弱的叫声。

（4）能自行寻找乳头所在。

2. 生理特点

（1）体温调节能力差，特不耐寒。

（2）免疫系统不完全，易生病。

（3）消化能力弱，只能靠哺乳吸收营养。

这些行为和生理特点存在一定的内在联系，如行为特点（1）对应的就是生理特点（1），是动物神经和运动系统不完全的表现；行为特点（3）是动物有异常情况的表现，行为特点（4）是动物的本能表现。针对生理特点（1）我们采取保温措施，生理特点（2）让我们对初生动物有进一步认识，生理特点（3）让我们了解哺乳幼崽的消化生理。

四、产后宠物的管理

1. 母宠方面

犬（猫）产后因体能消耗过大，身边应放一盆温的淡盐水。最初几天给予营养丰富、易消化的流食，并给予补钙剂，防止产后抽搐。对发生难产或做剖宫产的犬（猫），应进行输液，每天在伤口局部涂擦2%碘酊，口服消炎药物。此外，经常检查乳房膨胀情况，最好每天用浸有消毒液的棉球擦洗乳房，以防止乳房发炎。母犬食胎衣不宜太多。

卫生防疫方面应注意：保持场地清洁卫生，一般每天都得打扫和消毒，保持母犬（猫）的身体清洁，重点在于清洁乳房，饮用水和犬（猫）粮必须适时更换。

2. 幼崽方面

新生仔被毛稀少，保温能力差，应尽快用棉花擦干或让母犬（猫）舔干身上黏液，放在干燥温暖处；新生仔虚弱，要加强看护，防止被母犬（猫）压死、踩死；新生仔抵抗力差，应尽快辅助其吃上初乳。为防止新生仔以强欺弱，还应辅助其固定乳头吃奶。若母犬（猫）乳量不足或死亡、产仔过多，要进行人工哺乳，可用奶瓶或塑料眼药瓶喂给稀释的牛奶、白糖水、稀粥等。牛奶中乳糖和脂肪含量高，新生仔不易消化，要多加水稀释，喂量要少，并辅助乳酶生、干酵母、多酶片等助消化药物。此外，应注意补钙和日光浴，防止消化不良和佝偻病。具体护理方法可以参照以下几点：

免疫：及时吃食初乳，及时免疫接种（犬瘟、细小）。

保温：使用保温灯、保温箱、垫料等。

营养：固定乳头喂食、补铁。

卫生防疫：保持干净安静，适当晒太阳，刷拭幼崽。

其他护理：剪趾甲（主要是犬类）。

【任务实施】

一、流程

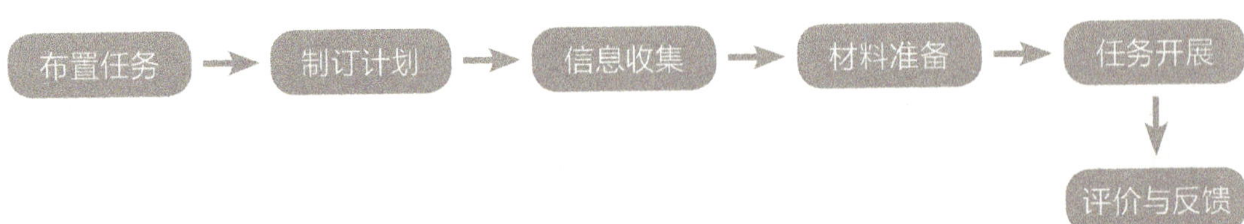

二、准备

（一）材料准备

产后母宠15只、初生仔宠15只、消毒液、消炎药物、纱布、干棉花、生理盐水、钙剂、保湿设备、指甲刀、疫苗、垫料。

（二）其他准备

多媒体、无线网络、电脑、相关书籍。

三、实施

（一）布置任务

大卫有一只2岁的金毛母犬，本月15日生了6只幼崽，其中有两只体形较小，行动缓慢。请你制订一个方案，让大卫能根据此方案来照顾它们。

（二）制订计划

制订有关护理表。

护理方案表

膳食方案	卫生防疫方案	选取器材及药品
特殊情况处理		

膳食防疫计划表

生理阶段	蛋白质	碳水化合物	脂肪	其他元素及维生素	卫生防疫
产后1周					
产后2周					
产后3周					
产后4周					
产后5周					
产后6周					

（三）信息收集

针对实际情况记录分析幼崽实际生理特点，制订初步护理方案，记录于下表。

宠物幼崽情况登记表

品种	活幼崽数	弱仔数	需寄养（另外处理）数	特殊情况说明

（四）任务开展

（1）分组。以3～4位同学为一组，自由组合。

（2）动物、材料准备。以小组为单位领取母宠1只、仔宠1只，领取适用材料各1套。

（3）护理实施。观看教学视频后，模拟视频完成护理过程。

（五）评价反馈

学习任务评价表

学习任务								
姓名		小组名称		组长				
评价内容		评价标准		分值	得分			
					自评	组评	师评	
1	专业能力	①获取信息、整理材料能力（配合小组长工作，积极查阅资料）		10				
		②方案制订合理、安全操作（能对本人所负责填写的表格正确完成）		10				
		③根据组内同学各自的特点完成任务书的角色分配		10				
		④能完成总结		20				
		⑤成果展示解说能突出本组的特色		10				
		⑥对其他组的成果能提出有建设性的意见		10				

续表

评价内容		评价标准	分值	得分		
				自评	组评	师评
2	方法能力	工作方法综合表现（操作的规范与熟练程度）	10			
3	社会能力	团队合作、责任心、态度（专心进入角色扮演，能很好与同学沟通）	10			
4	个人能力	自我学习、创新、表现能力（检查、发现问题与解决问题能力）	10			
合计			100			
总评（自评占20%、组评占30%、师评占50%）			100			
评语						

【任务拓展】

常见特殊情况一：幼崽及母犬（猫）感染寄生虫

驱虫处理一般使用幼崽专用驱虫药（图2-3），不建议使用伊维菌素或阿维菌素。

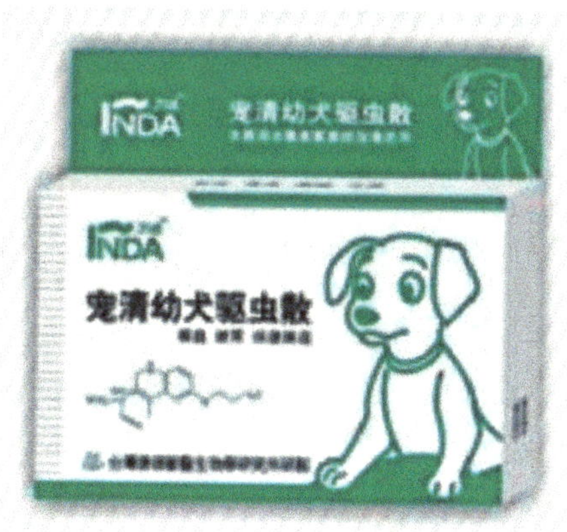

图2-3

常见特殊情况二：母犬（猫）提供给幼崽的营养不足，幼崽需另行饲养

（1）分析母犬（猫）奶水不足的原因，若为营养性则可通过调整饮食加强母犬（猫）营养，若为病理性则不建议继续饲喂幼崽。

（2）在增加母犬（猫）奶水的同时人工饲喂幼崽，注意选用的奶粉（图2-4）。

图 2–4

想一想 练一练

为什么必须选用专用奶粉？为什么对幼崽不提倡注射驱虫？

任务4 老龄宠物日常护理

【任务目标】

完成本学习任务后，你应当能做到以下几点：

（1）说出老龄犬猫的行为及生理特点。

（2）读懂老龄宠物的体检参数，并根据参数来制订其护理方案。

（3）对正常的老龄犬猫制订日常护理方案（包括营养、健康护理、卫生防疫等）并实施。

【任务分析】

老龄宠物生理机能处于生理的低谷期，而且还在不断衰退。我们对老龄宠物的护理，目的在于延缓宠物的机能退化，让宠物活得更健康愉快。

本任务主要是通过记录老龄宠物的实际状况，制订包括卫生防疫、营养膳食的护理方案。

首先对老龄宠物的实际状况进行记录、描述、总结，然后根据有关内容制订护理方案，并在课堂学习中实施其护理要点。

要顺利完成老龄宠物的护理任务需要解决以下问题：

（1）老龄宠物是指多大的宠物？它们的生理指标如何？

（2）为什么要给老龄宠物进行护理？

（3）老龄宠物食品如何选用？

（4）护理的目标是什么？如何做到这些目标？

（5）如何判断老龄宠物的健康状态？

【相关知识】

一、老龄犬的衰老表现

一般来说，犬从7～8岁开始出现老化现象，但家庭饲养的犬一般到了10岁以后才开始逐渐衰老。8 岁的犬，相当于人的 50 岁，10 岁相当于人的 60 岁，13 岁相当于人的 70 岁，15 岁相当于人的 80 岁。但由于品种、生活环境和平时照顾的不同，衰老程度也有所不同，主要表现为发情期表现淡化，生殖能力完全停止，皮肤变得干皱、松弛，肌肉老化僵硬失去弹性，被毛缺乏光泽、开始变稀和杂乱，易患皮肤病，脱毛严重，关节间的液体开始干竭，导致发炎及不适。口腔、耳朵、皮肤等部位散发出与以前不一样的难闻气味。被毛变得又干又薄，还时常发生脱落，如果是毛色较深色的犬，可发现毛中夹杂着白毛。眼球晶体变得浑浊，微显灰蓝。口、鼻、耳周围的皮毛变白或变黄。嘴边上的胡须开始稀疏，牙齿脱落，吃东西时咀嚼困难，食欲减退。视力和听力衰退，反应较迟钝，有时在行走中会失控撞到其他物体上。开始衰老的犬，身体很容易疲劳，对运动和玩耍失去兴趣，喜欢整天睡觉，尤其怕冷，冬季喜欢卧在有暖气或温暖的地方。另外有一些犬还会出现排泄失禁或乱排泄的现象，对此饲主切不可以进行呵斥和责怪，而是应该给予其更多的关怀和帮助，根据老龄犬的生理特征，给予正确的、科学的饲养管理，使爱犬能幸福的安度晚年。

犬在衰老的过程中，逐渐发生形态、功能和代谢等一系列的变化。这些变化具有以下的特点。

1. 形态变化

随着年龄的增长，老龄犬的外貌形态会发生一定的变化，比如被毛粗糙无光泽，皮肤起褶粗糙，由于脂肪的弹力纤维减少，皮肤松弛，眼睑下垂，眼窝脂肪消失引起眼球凹陷，身高体重下降等。

2. 机体组成成分变化

1）水分的减少

老龄犬体内由于细胞内液的减少而使其体内水分减少，这在衰老过程中是普遍存在的现象。

2）细胞数量的减少

犬体的老化可使脏器组织中的细胞数量减少，因而导致某些脏器的重量减轻，体内钾、氮和脱氧核糖核酸等含量降低，可使除脂肪组织以外的其他组织与器官表现不同程度的萎缩，尤其是骨骼肌、脾脏、肝脏和肾脏为主。

3）脂肪组织增加，机体的机能减退

随着年龄的增加，犬体脂肪组织增加，其增加量与犬的品种、性别、年龄与采食量相关。但老龄犬的机能变化总体表现为储备能力降低，各种功能减退，适应能力减弱，免疫能

力降低。

3. 代谢的变化

1）基础代谢

随着年龄的增长，基础代谢呈下降趋势，每年大约降低 2%，但基础代谢的下降要受到季节的影响，其变化呈不规则和不稳定状态。

2）蛋白质的变化

老龄犬血液中必需氨基酸水平比青年犬低，组织中蛋白质的总浓度一般无明显的变化，但蛋白质的解毒和代谢酶的诱导时间延长，受侵袭时蛋白合成机能减退。

3）脂肪代谢

脂肪的代谢与年龄密切相关，一般来说，极低密度的脂蛋白随年龄的增长而上升，5～6 岁达到高峰，以后逐渐下降。

4）糖代谢

随着犬的衰老，体内糖代谢也随着升高，因而年龄老的犬的糖尿病的患病率就明显增高，并且老龄犬的糖耐量明显低于成年犬，不同组织的耗氧量也随着变老而降低。老龄犬的肝糖原分解能力提高，细胞内储备的无氧产能途径增强，随着细胞膜通透性的改变，线粒体和氧化作用底物的减少和一些呼吸酶活动的减弱，组织耗氧量也随之减少。

5）水盐代谢

对于老龄犬来说，机体的水分明显减少以及血清钠的逐渐增加，钙代谢出现异常，钙从骨组织向其他组织转移，矿物质代谢发生紊乱。所以，老龄犬的骨骼疏松是不可避免的。

二、老龄猫的衰老表现

猫的寿命一般都比较长，大多数猫都活到 12～14 岁。猫在 8～9 岁时，开始进入老年期。与老龄犬相似，猫进入老龄阶段，生理和身体上会发生很大的变化。大部分老龄猫的运动量减少，眼神逐渐失去灵敏的目光，眼球晶体变得浑浊，微显灰蓝。听力衰退，有些猫会逐渐失去听觉。被毛比以前干涩，显得又薄又干，脱毛严重，身体变弱，肌肉萎缩，关节间的液体开始干竭，导致发炎及不适。口、鼻、耳周围的皮毛变白或变黄。老龄猫还会出现异常行为或患病症状，如流涎、便秘、消瘦、肥胖等。但猫衰老过程缓慢，衰老迹象不明显，一般情况下，出现下面的一些现象就表明猫已经衰老了。

1）活动能力

不像过去那样活泼好动，而是变得懒惰少动。

2）睡眠

每天睡眠时间长，特别喜欢在阳光下睡觉。

3）听力与视力

不如以前敏锐，对事物的好奇心降低。

4）皮毛

被毛变粗硬且色泽变晦涩，胡须变白，皮肤弹性较差。

5）易生病

病情重，恢复慢，如肾脏病变、肝脏病变等。

【任务实施】

一、流程

二、准备

（一）材料准备

老年宠物 15 只、血常规检测仪、尿常规分析仪、听诊器、疫苗。

（二）其他准备

多媒体、无线网络、电脑、相关书籍。

三、实施

（一）布置任务

张小姐带了一只 10 岁的西施母犬来到宠物店，觉得这只犬近几天精神不振，希望做个全身检查。

（二）制订计划

护理的目标是什么？如何做到这些目标？

目标：延缓宠物的机能退化，让宠物活得更健康愉快。

根据体检的实际状况制订老龄宠物的护理方案。针对实际情况记录分析老龄宠物实际生理特点，制订初步护理方案，记录于下表。

护理方案表

卫生防疫	膳　　食	身体护理
特殊情况处理		

分析上表记录的有关内容，执行有关处理，并在任务实施当中记录下来，并总结经验。

（三）信息收集

对宠物进行体检，并读懂体检报告。体检报告一般包括多项，其中血常规、血生化、尿常规三部分较为常见。

体检结论表

品　种	年　龄	体检结论

（四）任务开展

（1）分组。以3～4位同学为一组，自由组合。

（2）动物、材料准备。以小组为单位领取老年宠物1只，领取适用材料各1套。

（3）护理实施。观看教学视频后，模拟视频完成护理过程。

（五）评价反馈

学习任务评价表

学习任务							
姓　名		小组名称		组长			
评价内容		评价标准	分值	得分			
				自评	组评	师评	
1	专业能力	①获取信息、整理材料能力（配合小组长工作，积极查阅资料）	10				
		②方案制订合理、安全操作（能对本人所负责填写的表格正确完成）	10				
		③根据组内同学各自的特点完成任务书的角色分配	10				
		④能完成总结	20				
		⑤成果展示解说能突出本组的特色	10				
		⑥对其他组的成果能提出有建设性的意见	10				
2	方法能力	工作方法综合表现（操作的规范与熟练程度）	10				
3	社会能力	团队合作、责任心、态度（专心进入角色扮演，能很好与同学沟通）	10				
4	个人能力	自我学习、创新、表现能力（检查、发现问题与解决问题能力）	10				
合　计			100				
总评（自评占20%、组评占30%、师评占50%）			100				
评语							

【任务拓展】

大多数老年宠物由于活动减少会变得比较笨重。因此要注意控制食量，多饲喂些含维生素的食物。也有的老年宠物，由于肾脏机能衰退，反而消瘦。但活动应适当减少，睡眠应适当增加，喂的食物要软。对多年已形成的吃食、睡觉和活动习惯，还要继续执行，不要破坏它正常舒适的生活。老年宠物视力和听力都衰退了，反应迟纯了，主人最好以抚摸或手势来指挥它，不要对它大喊大叫，也不要强迫它们和孩子们或小宠物玩耍。养在室内的宠物，要把宠物窝移到靠近定点大小便处，以利老年宠物晚上小便。有些宠物年老了，会有心脏病，许多宠物的气喘病就是由于心脏病造成的。

还有许多宠物到了老年时，口、耳、皮肤和消化器官会发出令人难受的气味。口臭是食物残渣留在牙齿上造成；耳朵的气味是多年积下的腊质和污垢发出；皮肤的气味是长年体上积垢引起；消化器官发出的难闻气味，则是消化机能衰退的缘故。对于年龄大的宠物，只要主人注意饲养管理，还可以使它显得老当益壮，继续服务于人或做为人的伴侣。 定食具、定场所宠物进食的特点是简单地咀嚼食物，囫囵吞下，尤其是在几只宠物共用一个食盆时这种现象更为突出。因此，每只老年宠物应固定一个食盆，不要串换，防止传播疾病。食盆要大一点，每次添食不要过多，让宠物舔食，吃完再添，使其养成不剩食的习惯。老年宠物有在固定地点睡觉、进食的习性，所以，喂食的场所要相对固定。

【思考与练习】

老龄宠物安乐死的标准是什么？如何确定其安乐死的方案？

参考文献

曹授俊. 2010. 宠物美容与养护. 北京：中国农业大学出版社.

林美伶. 2014. 玩美宠儿. 台北：旭采文化有限公司.

台湾爱犬美容协会 KCC. 2005. 最新犬美容护理手册. 台北：台湾广研印刷社.

张江. 2008. 宠物护理与美容. 北京：中国农业出版社.